Jahres-Bericht

des

Chemischen Untersuchungsamtes der Stadt Breslau

für die Zeit

vom 1. April 1897 bis 31. März 1898.

Im Auftrage des Curatoriums

erstattet von

Dr. Bernhard Fischer,

Director des Chemischen Untersuchungsamtes der Stadt Breslau.

Springer-Verlag Berlin Heidelberg GmbH 1899

ISBN 978-3-662-32044-0 ISBN 978-3-662-32871-2 (eBook)
DOI 10.1007/978-3-662-32871-2

Inhalts-Uebersicht.

[Sonder-Abdruck aus Band XIX, Heft 1 der „Breslauer Statistik".]

I. Verwaltung im Allgemeinen.

In der Organisation des Amtes hat seit Erstattung des letzten Jahresberichtes eine Aenderung nicht stattgefunden.

Das Curatorium bestand, wie bisher, aus den Herren: Stadtrath Muehl als Vorsitzendem, Apotheker W. Bluhm, Professor Dr. Buchwald, Kaufmann Grempler und Director Seidel als Mitgliedern. Leider wurde gegen das Ende des Berichtsjahres Herr Kaufmann Grempler aus der Reihe der Mitglieder des Curatoriums durch den Tod abgerufen. Derselbe hatte dem Curatorium des Amtes seit dem Jahre 1884 angehört und durch sein reges Interesse zu der Entwicklung der Anstalt nicht wenig beigetragen. Wir werden sein Andenken in Ehren zu halten wissen.

Die Leitung des Amtes führte der Director desselben, Dr. Bernhard Fischer. Als erster Assistent fungirte Dr. A. Sartori. Von dem übrigen wissenschaftlichen Personal schieden während des Berichtsjahres aus: Der Inhaber der II. Assistentenstelle Dr. H. Neubauer, um eine leitende Stellung an der landwirthschaftlichen Versuchsstation zu Breslau zu übernehmen, ferner der III. Assistent, Dr. F. Glaser, welcher als I. Assistent an das chemische Untersuchungsamt der Provinz Rheinhessen zu Mainz berufen wurde.

Die Stelle des II. Assistenten wurde dem Chemiker M. Weigel, diejenige des III. Assistenten dem bisherigen Hilfsarbeiter Dr. M. Weigt übertragen, nachdem sie vorübergehend von dem Chemiker Albrecht Hammer kurze Zeit versehen worden war. — Als besoldeter wissenschaftlicher Hilfsarbeiter war vom 1. August bis zum 30. September der Chemiker Fritz Brodtmann beschäftigt worden. Als wissenschaftlicher Hilfsarbeiter bezw. zu seiner Ausbildung als Nahrungsmittelchemiker war vom 1. April bis 30. September nur Dr. Weigt thätig. Es ist dies ein Beweis dafür, dass nunmehr der Bedarf an jüngeren Hilfskräften auf dem Gebiete der Nahrungsmittel-Chemie gedeckt ist und dass, wie wir dies übrigens vorausgesagt haben, der Zugang zu diesem Zweige der angewandten Chemie in Zukunft ein etwas beschränkter sein wird.

Ausserdem waren im diesseitigen Amte thätig, um den Geschäftsgang kennen zu lernen, der Assistent Hanus von der k. k. technischen Hochschule zu Prag vom 10. August bis 30. September 1897 und der Magister pharm. Zdenko Pesca aus Prag vom 1. December bis 22. December 1897. Dieser vorübergehende Aufenthalt der genannten Herren hängt damit zusammen, dass seit 1897 auch für Oesterreich-Ungarn ein Nahrungsmittelgesetz erlassen worden ist, welches die Gründung amtlicher Anstalten zur technischen Untersuchung von Nahrungsmitteln etc. voraussetzt.

Da dieses Gesetz dem einschlägigen deutschen Gesetz vom 17. Mai 1879 in seinen Grundzügen nachgebildet ist, so ergab es sich von selbst, dass die benachbarten österreichischen Behörden ihre Beamten von den in Deutschland bereits bestehenden und bewährten Einrichtungen Kenntniss nehmen liessen. Den betreffenden Gesuchen wurde von unserer vorgesetzten Behörde in der Erwägung entsprochen, dass die Wissenschaft international ist und das Bindeglied unter den verschiedenen Cultur-Nationen bleiben muss.

Die Bureau-Arbeiten wurden zunächst durch den Magistrats-Sekretär Schwalm erledigt; an seine Stelle trat vom 15. Juni ab der Kanzlist Perle.

Die Funktionen des Amtsdieners versah auch im Berichtsjahre der Amtsdiener Kleinert, welchem dauernd ein jüngerer Hilfsdiener zur Unterstützung beigegeben war.

Von den im diesseitigen Amte beschäftigten Chemikern bestanden die Herren Weigel und Dr. Weigt im Herbst 1897 das Examen als Nahrungsmittel-Chemiker, der erstere unter theilweisem Verzicht auf die vorgeschriebenen Prüfungsabschnitte.

An ordentlichen Mitteln standen dem Amte zur Bestreitung der sächlichen Ausgaben im Berichtsjahre 8160 ℳ zur Verfügung. Die sächliche Ist-Ausgabe betrug 8129 ℳ 09 ₰.

Nachdem im April 1896 auch das II. Stockwerk unseres Amtsgebäudes Burgfeld 7 für die Zwecke des Amtes in Besitz genommen war, wurde, zum Theil unter Benutzung der ordentlichen Mittel, allmählich an die Einrichtung dieser Räume herangegangen. Wir waren in der Lage, die eine Hälfte dieses Stockwerkes mit vollständiger Gaseinrichtung zu versehen, während der anderen Hälfte das Gas wenigstens so zugeleitet wurde, dass eine Leitung ohne erhebliche Störung jederzeit angeschlossen werden kann. Ferner ist es uns möglich gewesen, bei der Gelegenheit, als das benachbarte Krankenhospital zu Allerheiligen an die Leitung des städtischen Elektricitätswerkes angeschlossen wurde, ein Zweigkabel nach unseren Diensträumen zu erhalten. Dasselbe ist zur Zeit nicht für Beleuchtungszwecke vorgesehen, sondern dient vorläufig lediglich als Lade-Station für unsere Accumulatoren. — Von grösseren Neuanschaffungen während des Berichtsjahres seien aufgeführt: Ein Präparir-Mikroskop, dessen Nichtvorhandensein gelegentlich mit Bedauern empfunden worden war, ferner ein Hempel'sches Calorimeter zur Untersuchung fester Brennstoffe, besonders der Kohlen, ein Verbrennungsofen neuer Construction. Ausserdem wurden mehrere Cylinder für comprimirten Sauerstoff und flüssige Kohlensäure angeschafft, auch wurde der Platinbestand wiederum um einige Nummern vermehrt.

Zugleich wurde für die Ausgestaltung unserer elektrolytischen Station, welche im Vorjahre nur provisorisch eingerichtet worden war, Sorge getragen. Wir verfügen nunmehr über sechs Einzelplätze für Elektrolyse und gedenken in Zukunft die elektrolytischen Methoden in allen Fällen anzuwenden, welche nur irgend eine Aussicht auf Erfolg darbieten.

Wir hatten im Vorjahre an sämmtliche mittlere und grössere Städte des Deutschen Reiches etwa mit einer Einwohnerzahl von mehr als 10 000 einen Fragebogen versendet, welcher den Zweck hatte, uns eine Uebersicht über die Art und Weise zu verschaffen, in welcher in Deutschland die Nahrungsmittel-Controle gehandhabt wird, und welcher Art die bestehenden Einrichtungen sind. Diese Frage hatte für uns um so grösseres

Interesse, als wir mit Rücksicht auf die in Aussicht genommene Medizinal-Reform feststellen wollten, welches Bedürfniss für die Schaffung von Untersuchungsanstalten wohl
vorhanden sei, und welche Unkosten die gegenwärtig bereits geübte Controle wohl
verursache.

Dieser Bogen wurde an 246 Stadtverwaltungen versendet und ist von allen
Gemeinden mehr oder weniger eingehend beantwortet worden. Inzwischen ist das ganze
Material gesichtet und statistisch bearbeitet worden und hat eine Reihe ganz interessanter
Ergebnisse geliefert.

Es hat sich zunächst herausgestellt, dass irgend welche Grundsätze für die
Verleihung des Charakters einer öffentlichen Anstalt im Sinne des Gesetzes vom 17. Mai
1879 bisher wohl kaum existirt haben, dass diese Verleihung vielmehr im einzelnen
Falle nach besonderen Erwägungen erfolgt. So zeigen diese »amtlichen Anstalten« zum
Theil ein recht buntscheckiges Aeussere. Wirkliche Untersuchungsämter, d. h. selbst-
ständige Laboratorien, welche von politischen Verbänden eigens zum Zwecke der
Nahrungsmittelcontrole geschaffen worden sind, Anstalten, deren Angestellte in ihrem
Unterhalt auf Neben-Einnahmen nicht angewiesen sind, wie sie wohl bei Erlass des
Nahrungsmittel-Gesetzes dem Gesetzgeber als »öffentliche Anstalten zur technischen Unter-
suchung von Nahrungsmitteln etc.« vorgeschwebt haben mögen, existiren nur in wenigen
grösseren Städten.

Die grosse Mehrzahl der Gemeinden entbehrt solcher Anstalten, und wo sie angeblich vorhanden sind, entsprechen sie vielfach nicht dem Ziele, welches durch das
genannte Gesetz ursprünglich gesteckt worden ist. In mehreren Städten und Kreis-
verbänden z. B. bestehen diese Anstalten darin, dass die Gemeinde mit einem am Orte
ansässigen Privat-Chemiker Verträge abgeschlossen hat, nach welchen dieser die erforder-
lichen Untersuchungen für einen Pauschalbetrag, welcher häufig 300 ℳ nicht übersteigt,
ausführt. In anderen Gemeinden sind naturwissenschaftlich gebildete Mitglieder zu
einer Art von Sanitäts-Commission zusammengetreten, welche die Functionen einer der-
artigen Anstalt ausübt. — In einigen Gemeinden sind die auszuführenden Arbeiten
sogar auswärts wohnenden Chemikern übertragen worden. Diese erhalten die zu unter-
suchenden Objecte zugesendet und kommen wohl auch gelegentlich einmal nach dem
betreffenden Orte zur Vornahme von Revisionen.

So lautet die Auskunft aus Sp.: Ja, es besteht eine amtliche Anstalt zur technischen Untersuchung von Nahrungsmitteln etc. Die officielle Bezeichnung der Anstalt
ist: »Städtisches Chemisches Untersuchungsamt Sp.« Der Vorsteher der Anstalt ist zur
Zeit der Chemiker X. in B.

Alle diese Einrichtungen treten nach aussen hin als »öffentliche amtliche Untersuchungsanstalten« oder »Untersuchungsämter« in die Erscheinung. Der grössere Theil
von ihnen ist auch zum Bezuge der Strafgelder berechtigt. Hieraus ist auch der
Schluss zu ziehen, dass ihnen der Charakter einer »öffentlichen amtlichen Anstalt« im
Sinne des Nahrungsmittelgesetzes von der vorgesetzten Aufsichtsbehörde verliehen worden
ist. Und hieraus ergiebt sich wiederum als Endglied dieser Betrachtung, dass bestimmte
Grundsätze für die Verleihung des Charakters einer öffentlichen, amtlichen Anstalt
zur Untersuchung von Nahrungsmitteln etc. bisher nicht geltend gewesen sind, sondern
dass diese Verleihung bisher von Fall zu Fall nach dem subjectiven Ermessen der
entscheidenden Behörde erfolgt ist.

Wir halten uns verpflichtet, auf diese wohl nicht anders denn als Missbräuche zu bezeichnenden Verhältnisse an dieser Stelle hinzuweisen, umsomehr, als in nächster Zukunft wohl die Frage der Nützlichkeit und der Organisation der amtlichen Unter-suchungs-Anstalten zur Berathung gestellt werden dürfte. Nach den jetzt vorliegenden Erfahrungen dürfte es sich empfehlen, der Frage, unter welchen Voraussetzungen diesen Anstalten der Charakter von Behörden ertheilt werden kann, besondere Aufmerksamkeit zuzuwenden.

Der im Vorjahre zur Veröffentlichung gelangte »Entwurf für die Neuregelung des Medicinalwesens« ist bisher nicht zur Berathung gekommen. Infolgedessen besteht die Unsicherheit, welche dieser Entwurf in die Entwickelung der Nahrungsmittel-Chemie und der diese pflegenden Anstalten hineingetragen hat, unverändert fort. — Damit im Zusammenhange mag stehen der Umstand, dass der Zugang jüngerer Fachgenossen zur Nahrungsmittel-Chemie allmählich ein recht beschränkter geworden ist. Abgesehen von den zu Eingang dieses Berichtes genannten Assistenten des diesseitigen Amtes hat sich während der Berichtsperiode kein anderer Candidat der Prüfung vor der hiesigen Prüfungs-Commission für Nahrungsmittelchemiker unterzogen. Das Interesse, welches diesem Examen eine kurze Zeit entgegengebracht wurde, hat um so mehr abgenommen, als die besondere Berücksichtigung, welche sich die mit diesem Diplom Ausgestatteten seitens der Technik versprochen hatten, nicht in dem erhofften Maasse eingetreten ist. Zudem bietet das eng begrenzte Gebiet der Nahrungsmittel-Chemie dem jüngeren Chemiker schon heute nur wenig Aussicht für sein späteres Fortkommen, sodass die meisten Fachgenossen Assistentenstellen an diesen Instituten nur als Durchgangsposten ansehen.

II. Thätigkeit des Amtes.

Es wurden in dem abgelaufenen Geschäftsjahre, umfassend die Zeit vom 1. April 1897 bis zum 31. März 1898 insgesammt 2392 Untersuchungen ausgeführt (gegen 2131 im Vorjahre). Dieselben vertheilen sich wie folgt:

				1896/97
A. Im Auftrage des Königl. Polizei-Präsidii. . . .	1300	(1108)
B. = = der Gerichte und anderer Behörden	181	(156)
C. = = des hiesigen Magistrats	770	(739)
D. = = von Privaten	141	(128)

Daraus ergiebt sich, dass die Aufträge des Königl. Polizei-Präsidii eine kleine Steigerung erfahren haben, welche wohl auf die inzwischen erfolgte Eingemeindung zweier Vororte und die damit verbundene Schaffung zweier neuer Polizei-Reviere zurück-zuführen sein dürfte.

Die Aufträge der Gerichte und anderer Behörden weisen gegen das Vorjahr, in welchem vorübergehend einmal eine kleine Verminderung (1895/96 = 166) ein-getreten war, wiederum eine nicht unbeträchtliche Steigerung auf.

Die Aufträge des Magistrates weisen wiederum eine weitere Steigerung auf, welche eigentlich noch erheblicher ist als sich aus den beiden einander gegenüber gestellten Zahlen schliessen lässt, insofern nämlich, als im Vorjahre als aussergewöhn-liche Arbeiten eine Reihe von Asphaltproben zur Untersuchung gestellt wurde, welche im Berichtsjahre zum grössten Theile fortfielen. Die Steigerung dieser im Auftrage des Magistrates eingehenden Aufträge erklärt sich dadurch, dass die communalen

Behörden, je öfter und je länger sie die Mitarbeit des diesseitigen Amtes in Anspruch nehmen, allmählich der Vortheile sich bewusst werden, welche ihnen diese Einrichtung bietet. Ferner entwickelt sich mit der Zeit bei den Auftraggebern auch das Verständniss dafür, was die chemische Analyse leisten kann, und was sie nicht zu leisten im Stande ist.

Auch die Aufträge der Privaten haben eine Steigerung erfahren, trotzdem wir in der Annahme dieser Aufträge eine sorgfältige Sichtung eintreten lassen müssen, um zu vermeiden, dass mit den Gutachten des Amtes irgend welcher Missbrauch getrieben wird.

Der Standpunkt, welchen wir diesen privaten Aufträgen gegenüber einnehmen, ist der, dass wir der Meinung sind, unser Amt müsse bemüht sein, den Interessen der Breslauer Bürger, denen die Erhaltung der Anstalt obliegt, nach Möglichkeit und besten Kräften zu dienen.

Deshalb ist die während des Berichtsjahres geleistete Arbeit durch die mitgetheilten Zahlen-Daten auch nicht erschöpft. Nicht in unseren Geschäftsbüchern aufgeführt sind alle diejenigen, allmählich sich stark häufenden Fälle, in denen Behörden und Privaten auf mündliche und schriftliche Anfragen mündlich oder kurzer Hand schriftlich Auskunft ertheilt wurde, die in ihrer Gesammtheit schliesslich ein nicht unbedeutendes Maass von Arbeit darstellen.

Demnach können wir auf das abgelaufene Berichtsjahr 1897/98 als auf ein normales, die langsame aber steigende Entwickelung des Amtes zum Ausdruck bringendes zurückblicken.

A. Die Untersuchungen, welche im Auftrage des Königlichen Polizei-Präsidii ausgeführt wurden, betrafen folgende Gegenstände:

(Die in Parenthese beigefügten Zahlen bezeichnen die untersuchten Fälle, welche beanstandet worden sind.)

I. Nahrungsmittel.

Aepfelspalten . .	7 Mal	Gurken (Salz) . .	11 Mal	Reis	3 Mal
Backobst	1 =	Heringe.	17 =	Rosinen.	2 =
Backwaare . . .	4 =	Heringshäckerle .	6 =	Rossfleisch gehackt.	28 = (3)
Brot	3 =	Hirse	7 =	= geräuchert	1 =
Butter	281 = (23)	Jungbier	1 =	Rosswurst.	9 =
Cacao-Thee . . .	2 =	Käse	27 =	Sauerkohl.	1 =
= Pulver . .	1 =	Lagerbier	5 =	Sherry	1 =
Chocolade. . . .	2 =	Linsen	2 =	Spiritus denat.. . .	11 =
Cichorie.	3 =	Mandeln	3 =	Schmalz (Gänse) . .	1 =
Datteln	1 =	Margarine. . . .	20 = (1)	= (Schweine)	5 =
Erbsen	2 =	Mehl	23 =	Thee russischer . .	2 =
Farin	1 = (1)	Milch unabgerahmt	426 = (11)	Wasser	2 =
Fleisch, gehacktes	42 = (12)	= abgerahmt .	42 = (4)	Weinmost.	2 . = (1)
Graupe	16 =	Pflaumen	1 =	Wurst	61 = (2)
Gries	12 =	Pfeffer gestossen .	19 =	Zimmt	2 =
Gurken (Pfeffer) .	3 =	Pfefferkuchen . .	11 = (7)	Zuckerwaaren . . .	49 =

II. Gebrauchsgegenstände.

Bierkuffen. . . .	20 Mal (14)	Kinder-Trompete. . .	1 Mal	Schleier.	1 Mal
Kleiderstoffe . . .	21 =	Lampenschirme . . .	3 =	Tapeten.	5 =
Kinder-Hahnpfeife	1 =	Papierpuppe.	1 =	Trillerpfeifen	3 =
Kinder-Peitsche .	1 =	Spielzeug	8 =	Wachswaaren	6 =

III. Arzneien, Geheimmittel etc. 48 Mal (12).

B. Im Auftrage von Gerichten und anderen Behörden wurden folgende Gegenstände untersucht*):

Arzneien	18 Mal	Gasglühlichtkörper	1 Mal	Pflanzenleim	1 Mal
Bittersalz	1 =	Hundemagen	1 =	Quecksilberlösung	1 =
Branntwein	1 =	Kleidungsstücke	1 =	Rosswurst	1 =
Briefbeutel	1 =	Kunstwein	1 =	Signirtusche	1 =
Broncen	20 =	Lampenschirm	1 =	Schriftstücke	4 =
Butter	14 =	Leichenteile	36 =	Steinkohle	2 =
Coks	4 =	Mageninhalt	1 =	Teig	1 =
Cystenflüssigkeit	1 =	Melasse	1 =	Wasser	32 =
Eau de Cologne	2 =	Mehl	1 =	Gicht-Watte	1 =
Farben	9 =	Menschenblut	2 =	Wein	10 =
Fliegenpapier	1 =	Obst-Sherry	4 =		
Fruchtsäfte	4 =	Papier, grünes	1 =		

C. Die Untersuchungen, welche im Auftrage des Magistrats zu Breslau und der diesem unterstellten Verwaltungen ausgeführt wurden, betrafen folgende Gegenstände:

Accumulatorenmasse	1 Mal	Gaswasser	24 Mal	Photogramme	2 Mal
Asphalt	18 =	Heideerde	2 =	Roggenkleie	3 =
Betonkörper	12 =	Hausschwamm	1 =	Semmel	27 =
Bleimennige	1 =	Kanalschlamm	1 =	Seifen	5 =
Bier	1 =	Knochenmehl	1 =	Sparkassenbuchpapier	1 =
Blutmehl	1 =	Kunstschmalz	2 =	Schlachthof-Dünger	6 =
Brot	36 =	Leitungswasser	14 =	Schwefelsäure	1 =
Butter	92 =	Leuchtgas	296 =	Theer	1 =
Eier	1 =	Mehl	1 =	Wasser	65 =
Fett	1 =	Milch	113 =	Wellwurst	1 =
Fleischmehl	1 =	Mörtel	1 =	Ziegeln	7 =
Gasreinigungsmasse	2 =	Petroleum	28 =		

*) Die Aufträge gingen ein:

Von der Kaiserlichen Oberpostdirection Breslau;

=   =   Königlichen Eisenbahndirection Breslau;

=   dem Landeshauptmann von Schlesien, Breslau;

=   =   Leib-Kürassier-Reg. Gr. Kurf. (Schles.) No. 1, Breslau;

=   der Direction des Königl. Gefängnisses, Breslau;

=   =   =   der   =   Strafanstalt Striegau;

=   =   Invaliditäts- und Altersversicherungs-Anstalt für Schlesien, Breslau;

=   dem Königl. Wasserbauamt, Breslau;

=   =   =   Kreis-Wegebauamt, Breslau;

=   der Königl. Klinik für Augenkranke, Breslau;

=   =   =   Eisenbahn-Verkehrs-Inspection 2, Breslau;

=   den   =   Eisenbahn-Betriebs-Inspectionen 1, 2 und 4, Breslau;

=   der   =   =   =   Inspection Liegnitz;

=   dem Prinzl. Rentamt Rosenthal b. Habelschwerdt;

=   =   Gräfl. Schaffgotsch'schen Kameral-Amt, Hermsdorf;

=   =   Museum schlesischer Alterthümer, Breslau;

=   der I. Kammer für Handelssachen vom Kgl. Landgericht Breslau;

=   den Staatsanwaltschaften bez. Untersuchungsrichtern der Königl.

Landgerichte zu: Breslau, Brieg, Glatz, Gleiwitz, Hirschberg, Liegnitz, Lissa i. P., Meseritz, Neisse, Oels, Ostrowo, Ratibor, Schweidnitz, Waldenburg.

Von den Kgl. Amtsgerichten zu: Breslau, Friedeberg a. Qu., Grünberg i. Schl., Lissa i. P.

Von den Magistraten bez. Polizei-Verwaltungen zu: Dyhernfurth, Gostyn, Habelschwerdt, Nakel, Schweidnitz, Strehlen, Striegau, Waldenburg.

Von den Amtsvorständen zu: Clarenkranst, Klettendorf, Langenbielau, Pilsnitz, Schmolz, Wangern, Weissstein, Zirkwitz.

D. Die Untersuchungen für Private betrafen folgende Gegenstände:

Appreturöl	2 Mal	Harn	3 Mal	Milch	14 Mal
Blut eines Ebers	1 =	Hausschwamm	2 =	Milch sterilisirt	2 =
Brot	1 =	Himbeeressenz	1 =	Mineralwasser	2 =
Bücklinge	1 =	Honig	1 =	Polsterhaare	1 =
Brotteig	1 =	Jodoformbinden	1 =	Roggenkleie	2 =
Butter	22 =	Kohle	3 =	Roheisen	2 =
Carbolineum	1 =	Kohlensaures Wasser	2 =	Salicyl- und Dermatol-	
Dokument	1 =	Kleidungsstücke	1 =	gaze	1 =
Eis geschmolzen	1 =	Kerzen	1 =	Seife	2 =
Faeces	1 =	Leichentheile	1 =	Spiritus	1 =
Farben	8 =	Lettern	1 =	Sputum	2 =
Fische	1 =	Malz	1 =	Wallnüsse	2 =
Fruchtsäfte	1 =	Mageninhalt eines		Wasserleitungsrohr	1 =
Gips	1 =	Ebers	1 =	Wasser	37 =
Hafer	1 =	Mehl	2 =	Wein	3 =
Handtücher	2 =	Metall-Legirung	1 =	Weinoxhoft	1 =

III. Einnahmen und Ausgaben.

Die baaren Einnahmen des Amtes im Jahre 1897/98 betrugen:

	Strafen		Gebühren		Summe	
	ℳ	₰	ℳ	₰	ℳ	₰
I. Aus der Restverwaltung	400	—	615	15	1015	15
II. Aus der laufenden Verwaltung	1156	50	—	—	1156	50
a) Für Aufträge des Kgl. Polizei-Präsidii	—	—	5004	—		
b) = = der städtischen Gas-, Wasser- und Elektricitäts-Werke	—	—	2610	—	14357	20
c) Für Aufträge anderer Behörden	—	—	5071	10		
d) = = von Privaten	—	—	1672	10		
e) Vergütigungen für die Beschäftigung von Volontairen	—	—	—	—	66	70
f) Erlös aus verkauften Jahresberichten	—	—	—	—	21	12

Wird dieser Einnahme der tarifmässige Werth der für die städtische Verwaltung ausser b) noch ausgeführten Arbeiten mit . . . . 4250 | —

zugerechnet, so betragen die Einnahmen insgesammt . . . . 20866 | 67

Diesen Einnahmen stehen 22 714,26 ℳ Ausgaben gegenüber:

Von den Ausgaben entfallen auf:	ℳ	₰
1. Localmiethe	1800	—
2. Heizung, Beleuchtung, Reinigung	406	51
3. Gas- und Wassergeld	727	24
4. Utensilien, chemische und physikalische Apparate	2664	21
5. Chemikalien	875	79
6. Amtsbedürfnisse, Porto etc.	503	94
7. Druck des Jahresberichtes	551	—
8. Bücher und Zeitschriften	471	87
9. Ankauf von Proben	20	68
10. Bau- und Reparaturkosten	107	85
	8129	09
Hierzu an Besoldungen	14585	17
Summe aller Ausgaben	22714	26

IV. Specieller Theil.
Aepfelscheiben, Obst.

Durch das Königliche Polizei-Präsidium wurden während des Berichtsjahres 7 Proben von amerikanischen Ringäpfeln eingeliefert. Dieselben erwiesen sich als vollständig frei von Zinkverbindungen.

Da auch schon im Vorjahre ein Zinkgehalt in diesen Conserven nicht mehr festgestellt worden ist, trotzdem die Untersuchungsmethode durch die Anwendung von 200 g Untersuchungsmaterial gegen früher ganz erheblich verschärft worden ist, so müssen wir daraus den Schluss ziehen, dass die amerikanischen Produzenten sich den in Deutschland gestellten Anforderungen nunmehr angepasst haben. Der letzte Fall, in welchem wir einen Zinkgehalt in den amerikanischen Ringäpfeln festgestellt haben, datirt aus dem April 1895.

Die Richtigkeit unserer Schlussfolgerung ergiebt sich übrigens auch daraus, dass in der Fachpresse Mittheilungen über den Zinkgehalt der amerikanischen Ringäpfel nicht mehr zu finden sind, und die Beruhigung, welche dieser Handelszweig während der letzten Jahre erfahren hat, kommt dadurch zum Ausdruck, dass während des Berichtsjahres eine Untersuchung dieses Artikels von Privaten (Händlern) überhaupt nicht mehr beantragt worden ist.

So ist es denn durch zehnjähriges Bemühen gelungen, eine zunächst unausrottbar erscheinende Ungehörigkeit zu beseitigen.

Von deutschem Backobst (Birnen, Pflaumen) gingen uns lediglich 2 Proben zu, welche aus kleinen Bäudeleien zu sehr niedrigem Preise angekauft worden waren. Die Proben waren keineswegs schön, sie machten den Eindruck als seien sie unter Benutzung von Fallobst hergestellt. Die küchenmässige Zubereitung ergab, dass sie zwar noch geniessbar, aber recht zweifelhafte Genussmittel waren. Mit Rücksicht auf den ausserordentlich niedrigen Preis und auf die ganze Sachlage wurde indessen von einer Beanstandung abgesehen.

Wir können indessen die Bemerkung nicht unterdrücken, dass die Erzeugung und Verwerthung von Obst in Deutschland, und speciell bei uns im Osten, noch auf einer recht niedrigen Stufe steht. — Seitens der Landbewohner wird der Obstfrage augenscheinlich nicht genügende Beachtung geschenkt. Die erzeugten Sorten sind zwar sehr mannigfaltig, im Durchschnitt aber von mangelhafter Qualität, das Einsammeln des Obstes und der Vertrieb desselben erfolgt nicht mit der nothwendigen Sorgfalt. Die Folge hiervon ist, dass die Obstpreise eine erstaunliche Höhe erreichen, und dass die Einfuhr von ausserdeutschem Obste von Jahr zu Jahr zunimmt. Und dies ist um so bedauerlicher, als die eingeführten Obstsorten — unter ihnen namentlich die Aepfel — die heimischen Sorten zwar bezüglich des Aussehens übertreffen, mit den letzteren aber im Wohlgeschmack garnicht wetteifern können. — Im Jahre 1897 betrug die Einfuhr frischen und getrockneten Obstes nach Deutschland 57,4 Mill. Mark, denen eine Ausfuhr von nur 10,5 Mill. Mark gegenübersteht. Rund 50 Millionen Mark könnten also, wenn dem Obstbau die nöthige Sorgfalt zugewendet werden würde, nicht nur im Lande bleiben, es ist auch nicht einzusehen, warum sich nicht auch aus Deutschland die Ausfuhr von gutem Obst entwickeln sollte. Denn das deutsche Obst ist genau wie der deutsche Wein ein Erzeugnis sui generis, das durch nichts Anderes ersetzt werden kann.

Bier, Branntwein, Spiritus.

Die Untersuchung von Bier beschäftigte das Amt während des Berichtsjahres nur in wenigen Fällen. — Zur Untersuchung gelangten im Ganzen 10 Proben, darunter 6 Proben, welche durch das Königliche Polizei-Präsidium eingeliefert worden waren. Unter diesen befand sich 1 Probe Jungbier, über welches wir uns in unserem vorigen Berichte eingehender geäussert haben, ferner 5 Proben Lagerbier, welche sich als frei von gesundheitsschädlichen Metallverbindungen erwiesen.

Eine Revision der Bierdruck-Apparate fand während des Berichtsjahres nicht statt. Der Grund hierzu lag darin, dass am 1. Februar 1897 eine in unserem letzten Berichte zum Abdruck gekommene Polizei-Verordnung erlassen worden war. Es sollte den Besitzern der Apparate zunächst eine gewisse Frist gegeben werden, innerhalb welcher sie die Apparate den vorgeschriebenen Anforderungen anpassen konnten. Und diese Frist durfte nicht zu kurz bemessen sein, weil für die Instandsetzung der grossen Anzahl von Apparaten in hiesiger Stadt nur eine beschränkte Anzahl von Special-Werkstätten in Frage kommen konnte.

Von einigem Interesse war nachfolgender, uns von einer auswärtigen Staatsanwaltschaft überwiesener Fall:

U. A. 613/98. Ein auswärtiger Brauereibesitzer war beschuldigt worden, er habe sein eigenes Gebräu als Bier einer Breslauer Bierbrauerei und zwar als Flaschenbier in den Verkehr gebracht. Zur Aufklärung der Sachlage wurden 3 Sorten der Untersuchung unterzogen: 1. das verdächtige, beschlagnahmte Bier, 2. das eigene Gebräu des Beschuldigten, 3. das entsprechende Breslauer Bier.

Die Untersuchung lieferte folgende Ergebnisse:

In 100 ccm sind enthalten :

	I. Verdächtiges Bier.	II. Bier des Beschuldigten.	III. Breslauer Bier.
Alkohol. . .	4,311 Vol. Proc.	4,311 Vol. Proc.	4,297 Vol. Proc.
	= 3,418 g	3,418 g	3,406 g
Extrakt. . .	5,87 ⸗	5,61 ⸗	7,13 ⸗
Stammwürze.	12,71 ⁰	12,45 ⁰	13,94 ⁰
(E + 2 A)			

Da nach unseren Ermittelungen der Beschuldigte die Stammwürze seines Bieres auf 12—13^0, die Breslauer Brauerei dagegen auf 14^0 einstellt, so gaben wir unser Gutachten dahin ab, dass das verdächtige Bier mehr dem Biere des Beschuldigten als dem Fabrikat der Breslauer Brauerei ähnlich sei. Wenn daher ein drittes Bier überhaupt nicht in Frage komme, so müsse man die Probe II für identisch mit I erklären.

In der später stattfindenden Verhandlung wurde unser Gutachten nicht bloss durch die Zeugenaussagen, sondern zum Theil auch durch die Aussagen des Angeklagten bestätigt.

Von Trinkbranntwein gelangte nur 1 Probe im Auftrage der Königlichen Staatsanwaltschaft zur Untersuchung.

U. A. 323/97. Diese Probe war nämlich an die Staatsanwaltschaft mit der Anzeige eingesendet worden, der Verkäufer fälsche ein Genussmittel, »der gekaufte Branntwein schmecke wie Wasser«. Die Untersuchung ergab den immerhin beachtenswerthen Gehalt von 42,5 Gewichtsprocenten oder 50 Volumprocenten Alkohol. Mithin war dieser Branntwein von einer Stärke, wie sie für den gewöhnlichen Trinkbranntwein in hiesiger Gegend sonst nicht üblich ist.

Denaturirter Spiritus.

Die Bekanntmachung des Bundesrathes vom 27. Februar 1896 bestimmt:

»Denaturirter Branntwein, dessen Stärke weniger als 80 Gewichtsprocente beträgt, darf nicht verkauft oder feilgehalten werden.

Auf Grund dieser Bekanntmachung wurden 11 Proben denaturirter Brennspiritus zur Untersuchung eingeliefert.

Die Ergebnisse waren folgende:

Geschäftszeichen U. A.	Alkohol Gewichts-Procente	Geschäftszeichen U. A.	Alkohol Gewichts-Procente
1042/97	92,0	1767/97	80,8
1048/97	81,3	2067/97	82,2
1189/97	80,7	25/98	81,3
1190/97	82,1	273/98	81,1
1561/97	80,6	528/98	80,8
1780/97	78,7		

Es ergiebt sich daraus, dass in den Kreisen der Verkäufer das Bestreben vorhanden ist, dieser Bestimmung nachzukommen. Nur eine Probe blieb um den geringfügigen Betrag von 1,3 Procent hinter der vorgeschriebenen Spiritusstärke zurück.

Wir möchten bei dieser Gelegenheit indessen auf Folgendes aufmerksam machen: Die Verordnung des Bundesrathes ist nicht ganz praktisch gefasst. Die Frage, ob ein denaturirter Spiritus, namentlich ein solcher, welcher aus Melasse hergestellt ist, wenn er bei 15 ° C. das specifische Gewicht 0,848 hat, auch wirklich nur 80 Gewichtsprocente Alkohol enthält, ist nicht ohne Weiteres mit Ja zu beantworten. Es wäre denkbar, dass in einem Falle, der zur gerichtlichen Entscheidung gebracht würde, folgende Bedenken geltend gemacht werden könnten: Wir nehmen an, eine Spiritus-Probe habe bei 15 ° C. das specifische Gewicht 0,856 und somit eine scheinbare Spiritusstärke von 77 Procent.

Zunächst genügt natürlich die Untersuchung mittels eines Aräometers nur dann, wenn dieses einen Alkoholgehalt von mindestens 80 Procent anzeigt. Ist dies nicht der Fall, so ist eine Destillation nicht zu umgehen, weil ja der Fall nicht unmöglich erscheint, dass die Erhöhung des specifischen Gewichtes durch Anwesenheit eines anderen gelösten Körpers, z. B. eines Salzes, bedingt wird.

Aber auch davon abgesehen, wäre eine geringe Erhöhung des specifischen Gewichts möglich dadurch, dass der Alkohol — namentlich der Melasse-Spiritus — kleine Mengen höherer Alkohole enthält, welche das specifische Gewicht in diesem Sinne beeinflussen. Es kommt endlich auch der Einfluss des Denaturirungsmittels in Betracht. Alles das hat zur Folge, dass im vorstehenden Beispiel von einem Alkohol mit dem specifischen Gewicht 0,856 nicht absolut sicher behauptet werden kann, dass er nur 77,0 und nicht etwa doch 80 Gewichtsprocente Aethyl-Alkohol enthält. Die Ermittelung des wahren Spiritusgehaltes würde einen Arbeitsaufwand verursachen, der zu dem erstrebten Zwecke in keinem Verhältniss stände, wahrscheinlich aber würden Fälle vorkommen, in denen dieser Werth mit absoluter Sicherheit sich überhaupt nicht bestimmen liesse.

Diese Unsicherheiten würden vermieden werden, wenn die Bekanntmachung mehr unter Anlehnung an die praktischen Verhältnisse abgefasst worden wäre und etwa wie folgt lauten würde:

Denaturirter Branntwein, welcher mit einem geaichten Aräometer gemessen bei 15 ⁰ C. ein höheres specifisches Gewicht als 0,849 besitzt, darf nicht verkauft oder feilgehalten werden.

Ergeben sich Zweifel darüber, ob eine Erhöhung des specifischen Gewichts etwa durch zufällige Bestandtheile verursacht worden ist, so ist der Branntwein dem Destillationsverfahren zu unterziehen und das specifische Gewicht des Destillates zur Beurtheilung zu verwenden.

Für die Ausführung dieses Destillationsverfahrens würde natürlich eine besondere Anweisung zu geben sein, denn eine einfache Aufgabe ist sogar die Ermittelung der scheinbaren Spiritusstärke durch das Destillationsverfahren nicht.

Brot, Mehl.

Es wurden im Berichtsjahre untersucht: 40 Proben Brot, 27 Proben Semmel, 4 Proben anderer Backwaaren, 30 Proben Mehl einschliesslich Futtermehl, 1 Probe Malz, sowie 42 Proben verschiedener Gegräupe (Erbsen, Graupen, Gries, Hirse, Linsen, Reis). Ausserdem wurde in einem Falle ein Obergutachten für ein auswärtiges Gericht ohne Experimental-Untersuchung erstattet.

Die eingelieferten Objecte gaben zu Beanstandungen nur in Ausnahmefällen Veranlassung. — Verfälschungen von Backwaaren oder Mehl kommen in normalen Erntejahren in unserer Gegend kaum vor. Auch jene Fälle, in denen Brot oder Mehl infolge schlechter Beschaffenheit als verdorben zu beanstanden wären, sind äusserst selten.

Ueber die durchschnittliche Beschaffenheit der hiesigen Backwaaren erhalten wir den besten Aufschluss durch die im Auftrage des Magistrats ausgeführten Untersuchungen der in den Breslauer städtischen Anstalten verabreichten Backwaaren. Die während des Berichtsjahres erhaltenen Grenzwerthe sind folgende:

Für Brot	Maximum	Minimum
Gehalt an Wasser	43,7 %	20,8 %
Gehalt an Mineralstoffen . . .	0,9 ⁼	0,2 ⁼

Die entsprechenden Zahlen für die Vorjahre waren:

1895/96:

	Maximum	Minimum
Gehalt an Wasser	42,1 %	22,2 %
Gehalt an Mineralstoffen . . .	1,3 ⁼	0,4 ⁼

1896/97:

	Maximum	Minimum
Gehalt an Wasser	41,8 %	29,7 %
Gehalt an Mineralstoffen . . .	0,8 ⁼	0,4 ⁼

Wenn wir berücksichtigen, dass das Maximum nur in einem einzigen Falle erreicht wurde, so bestätigen die erhaltenen Werthe die Richtigkeit des von uns ermittelten Grenzwerthes von 42—43 Procent Wassergehalt für Graubrot.

Die entsprechenden Daten für Semmel sind folgende:

	1895/96	1896/97	1897/98
Gehalt an Wasser	22,7—39,1 %	22—42,3 %	23,2—31,6 %
Gehalt an Mineralstoffen . . .	0,7—2,2 ⁼	0,7—2,3 ⁼	0,8—2,0 ⁼
Gewicht einer Semmel. . . .	72—119 g	74—122 g	72—96 g
Trockenrückstand einer Semmel	52—85,8 g	48,6—99,8 g	51,4—68,5 g

Da der Einheitspreis der Semmeln sich nicht geändert hat, so ist aus der Zusammenstellung zu entnehmen, dass die Semmeln während des Berichtsjahres wesentlich theurer geworden sind.

Wir geben im Folgenden zunächst das ziffernmässige Material wieder.

Brot.

Auftraggebende Verwaltung	Geschäfts-zeichen U. A.	Das Brot enthielt in Procenten				davon	
		Rinde	Krume	Wasser	Trocken-rückstand	orga-nisch	unorga-nisch
Armenhaus	521/97	25,9	74,1	38,5	61,5	60,8	0,7
=	951/97	29,0	71,0	35,6	64,4	63,9	0,5
=	1532/97	26,0	74,0	38,6	61,4	60,7	0,7
=	29/98	27,3	72,7	35,8	64,2	63,4	0,8
Claassen'sches Siechenhaus	478/97	20,9	79,1	41,3	58,7	58,1	0,6
=	983/97	26,0	74,0	36,6	63,4	62,8	0,6
=	1507/97	24,3	75,7	36,9	63,1	62,6	0,5
=	15/98	24,3	75,7	37,1	62,9	62,5	0,4
Kinder-Hospital zum heiligen Grabe	750/97	28,0	72,0	37,9	62,1	61,5	0,6
=	1219/97	22,1	77,9	33,4	66,6	66,1	0,5
=	1867/97	19,2	80,8	37,6	62,4	61,9	0,5
=	321/98	26,9	73,1	36,4	63,6	63,0	0,6
Kranken-Hospital zu Allerheiligen	663/97	21,8	78,2	43,7	56,3	55,4	0,9
=	1024/97	30,9	69,1	35,4	64,6	63,9	0,7
=	1352/97	20,3	79,7	39,1	60,9	60,3	0,6
=	1759/97	24,1	75,9	36,9	63,1	62,4	0,7
=	51/98	22,9	77,1	37,3	62,7	62,0	0,7
=	501/98	21,2	78,8	38,0	62,0	61,4	0,6
Wenzel Hancke'sches Krankenhaus	483/97	24,5	75,5	39,1	60,9	60,4	0,5
=	794/97	30,3	69,7	36,3	63,7	63,2	0,5
=	1187/97	25,9	74,1	34,0	66,0	65,5	0,5
=	1510/97	25,4	74,6	39,5	60,5	60,1	0,4
=	1978/97	25,6	74,4	38,5	61,5	61,0	0,5
=	219/98	22,1	77,9	36,4	63,6	63,4	0,2
Irrenhaus in der Einbaumstrasse	631/97	24,8	75,2	39,4	60,6	60,1	0,5
=	963/97	33,7	66,3	37,2	62,8	62,2	0,6
=	1337/97	22,3	77,7	20,8	79,2	78,7	0,5
=	1763/97	27,6	72,4	38,0	62,0	61,5	0,5
=	17/98	24,3	75,7	34,6	65,4	64,9	0,5
=	484/98	24,3	75,7	35,5	64,5	64,0	0,5
Zufluchtshaus für Genesende zu Weidenhof	1065/97	22,6	77,4	41,6	58,4	57,9	0,5
=	1360/97	28,1	71,9	39,7	60,3	59,7	0,6
=	1849/97	27,6	72,4	37,3	62,7	62,2	0,5
=	61/98	26,0	74,0	37,2	62,8	62,3	0,5
=	505/98	24,2	75,8	37,6	62,4	61,9	0,5

Semmel.

| Auftraggebende Verwaltung | Geschäftszeichen U. A. | Gewicht der Semmel gr | Die Semmel enthält in Procenten | | davon | | GesammtTrockenrückstand einer Semmel gr |
			Wasser	Trockenrückstand	organisch	unorganisch	
Claassen'sches Siechenhaus	478/97	95,0	28,0	72,0	70,8	1,2	68,4
⹂	984/97	93,0	26,4	73,6	72,1	1,5	68,5
⹂	1507/97	86,0	28,4	71,6	70,2	1,4	61,6
⹂	15/98	76,0	28,3	71,7	70,6	1,1	54,5
Irrenhaus in der Einbaumstrasse	631/97	74,0	23,2	76,8	75,3	1,5	56,8
⹂	963/97	73,0	25,1	74,9	73,4	1,5	54,7
⹂	1337/97	78,0	27,9	72,1	71,2	0,9	56,2
⹂	1763/97	76,0	29,5	70,5	69,5	1,0	53,6
⹂	17/98	82,0	31,6	68,4	67,0	1,4	56,1
⹂	484/98	74,0	25,7	74,3	72,7	1,6	55,0
Krankenhospital zu Allerheiligen	663/97	83,0	30,9	69,1	68,2	0,9	57,4
⹂	1024/97	80,0	29,0	71,0	69,0	2,0	56,8
⹂	1352/97	82,0	23,5	76,5	75,2	1,3	62,7
⹂	1759/97	75,0	28,8	71,2	69,6	1,6	53,4
⹂	51/98	73,0	26,5	73,5	71,7	1,8	53,7
⹂	501/98	72,0	28,6	71,4	69,7	1,7	51,4
WenzelHancke'sches Krankenhaus	483/97	81,0	28,9	71,1	69,3	1,8	57,6
⹂	794/97	74,0	26,3	73,7	71,9	1,8	54,5
⹂	1187/97	72,0	24,3	75,7	73,8	1,9	54,5
⹂	1510/97	87,0	30,9	69,1	68,3	0,8	60,1
⹂	1978/97	83,0	27,6	72,4	71,5	0,9	60,1
⹂	219/98	83,0	29,0	71,0	70,0	1,0	58,9
Genesungshaus in Weidenhof	1065/97	95,0	30,1	69,9	68,9	1,0	66,4
⹂	1360/97	87,0	28,9	71,1	69,9	1,2	61,9
⹂	1849/97	96,0	29,1	70,9	70,0	0,9	68,1
⹂	61/98	75,0	28,8	71,2	69,6	1,6	53,4

Verfälschtes Brot.

Von einem Landgericht in der Provinz Posen war ein Obergutachten in folgender Strafsache eingefordert worden: Ein Bäckermeister hatte einem Gutsbesitzer regelmässig Brot geliefert, welches dessen Angestellte schliesslich zu geniessen sich weigerten. Das Brot schimmelte ausserordentlich rasch, ausserdem wurden wiederholt grosse Stücke von Brotrinde in der Krume des Brotes aufgefunden. Die Beweisaufnahme ergab, dass der betreffende Bäcker bei der Herstellung des Brotes altes Brot mit verwendet hatte, und zwar nicht etwa im gemahlenen Zustande, sondern indem er das Brot in Wasser einweichte und diese Massen dem neuen Teige einverleibte. Das Schöffengericht gelangte zu einem freisprechenden Urtheil, da zwei als Sachverständige geladene Bäcker begutachteten, dass dieses Verfahren nicht nur keine Verschlechterung, sondern eher eine Verbesserung des Brotes bedeute.

Nachdem die Königliche Staatsanwaltschaft hiergegen Berufung eingelegt hatte, wurde von uns ein Obergutachen eingefordert. Dieses ging dahin, dass ein gewerbegerecht hergestelltes Brot eben aus Mehl und nicht aus altem Brot herzustellen sei.

Ein solches Brot sei verschlechtert, es neige zum Schimmeln und sei aus diesen Gründen als verfälscht zu bezeichnen.

Backwaaren.

Von den untersuchten 4 Proben Backwaaren war ein Milchgebäck U. A. 339/97 unter dem bestimmten Verdachte eingeliefert worden, dass sein Genuss eine schwere, akute Erkrankung eines Kindes verursacht hatte. Die Untersuchung ergab die Abwesenheit irgend eines als giftig zu bezeichnenden Stoffes. Die Bestimmung der Jodzahl des aus dem Gebäck extrahirten Fettes gab keinen Anhalt dafür, dass etwa Paraffinöl (sog. Brotöl) zur Herstellung benutzt worden war. — Da der Fall ausserdem sehr rasch in Genesung überging, zudem auch ganz vereinzelt blieb, so ist wohl anzunehmen, dass das Gebäck nicht die Ursache für die Erkrankung gewesen ist, sondern dass es sich um das Zusammentreffen ungünstiger Zufälle handelte.

Mehl.

Die durch das Königl. Polizei-Präsidium eingelieferten 23 Mehlproben waren sämmtlich normal, keine derselben gab zu einer Beanstandung Veranlassung.

In mehreren Fällen war die Untersuchung allerdings mit der Begründung beantragt worden, das Mehl lasse sich nicht verbacken und stamme jedenfalls von ausgewachsenem Getreide. Diese Angaben erwiesen sich indessen als nicht zutreffend. Wir führen solche Beurtheilungen in der Weise aus, dass wir eine grössere Menge (5 Kilo) Mehl einfordern und von einem verständigen Bäcker verbacken lassen. Dieses Verfahren hat sich uns bisher sehr gut bewährt.

Gegräupe.

Unter den 42 verschiedenen Proben von Gegräupe befanden sich 2 Proben von Hirse, welche einige tote Milben enthielten. Ausserdem waren in einem Gericht uns schon im gekochten Zustande übergebener Graupe zwei Exemplare des Kornkäfers Calandra granaria aufzufinden, indessen wurde in diesen Fällen von einer Beanstandung abgesehen.

Fleisch, Wurst etc.

Durch das Königliche Polizei-Präsidium wurden während des Berichtsjahres im Ganzen 141 Proben von Fleisch und Wurst zur Untersuchung eingeliefert. Darunter befanden sich 42 Proben gehacktes Rindfleisch, 28 Proben gehacktes Rossfleisch, 1 Probe geräuchertes Rossfleisch, 61 Proben verschiedener Wurstsorten, 9 Proben Rosswurst.

Von diesen Objecten wurden insgesammt 18 Proben = 13 Procent beanstandet.

Dieses Ergebniss ist kein besonders günstiges, wenn man in Betracht zieht, dass wir eine Beanstandung überhaupt nur in solchen Fällen eintreten lassen, in denen nach unserer Auffassung ein ernster Verstoss gegen die giltigen Gesetze vorliegt.

Conservirungsmittel. Der Missbrauch, den Fleischwaaren, namentlich dem gehackten Fleische, Conservirungsmittel zuzusetzen, hat trotz der strengen Massregeln, welche gerade in Breslau hiergegen ergriffen worden sind, nach unseren Beobachtungen nicht abgenommen, sondern vielmehr zugenommen. Dasjenige Conservirungsmittel, welches hierorts ausschliesslich verwendet wird, ist immer noch das als »Conserve-Salz« bekannte Natriumsulfit $Na_2 SO_3 + 7 H_2 O$. — Trotzdem jede eingehende Probe auch noch auf andere gebräuchliche Conservirungsmittel, z. B. Borsäure und Salicylsäure geprüft wird, haben wir diese bisher doch noch in keinem Falle angetroffen.

Von 42 Proben gehacktem Rindfleisch enthielten nicht weniger als 29 Proben = rund 70 Procent schweflige Säure. Beanstandet wurden 13 Proben = rund 31 Procent. Der Gehalt an schwefliger Säure bewegte sich in den einzelnen Fällen innerhalb ziemlich weiter Grenzen und zwar wie folgt:

Gehalt von gehacktem Rindfleisch an schwefliger Säure SO_2.

Geschäftszeichen U. A.	Proc. SO_2	Geschäftszeichen U. A.	Proc. SO_2	Geschäftszeichen U. A.	Proc. SO_2
627/97	Spur	1583/97	0,153	8/98	0,03
834/97	0,08	1642/97	**0,74**	9/98	0,031
909/97	**0,130**	1729/97	0,06	45/98	**0,214**
956/97	Spur	1766/97	0,062	56/98	**0,1**
1061/97	0,043	1812/97	**0,169**	152/98	**0,075**
1174/97	0,089	1884/97	0,061	229/98	**0,12**
1260/97	0,082	1921/97	0,057	314/98	**0,192**
1438/97	0,048	1968/97	0,06	434/98	0,037
1469/97	**0,116**	2006/97	**0,13**	536/98	0,06
1567/97	**0,427**	2027/97	0,06		

Etwas günstiger stellen sich die nämlichen Verhältnisse beim Rossfleisch. Es wurden nämlich 28 Proben Rossfleisch eingeliefert; von diesen enthielten 9 Proben = 32 Procent schweflige Säure. 3 Proben = 10 Procent wurden wegen zu hohen Gehaltes an schwefliger Säure beanstandet.

Gehalt des Rossfleisches an schwefliger Säure und an Wasser.

Geschäftszeichen U. A.	Gehalt an schwefl. Säure Proc.	Gehalt an Wasser Proc.	Geschäftszeichen U. A.	Gehalt an schwefl. Säure Proc.	Gehalt an Wasser Proc.	Geschäftszeichen U. A.	Gehalt an schwefl. Säure Proc.	Gehalt an Wasser Proc.
736/97	**0,144**	72,1	889/97	0	**74,2**	1904/97	0	**74,2**
740/97	**0,125**	71,4	895/97	0,08	66,3	2015/97	0	72,9
746/97	0	73,1	930/97	0	71,9	2161/97	0	68,8
751/97	**0,245**	76,5	1136/97	0,093	**72,4**	28/98	0	72,8
752/97	0/07	69,7	1293/97	0	66,3	69/98	Spur	73,6
761/97	0	68,6	1420/97	0	73,2	85/98	0	69,0
764/97	0	71,8	1459/97	0	76,4	450/98	0	72,3
767/97	0,04	71,1	1470/97	0	75,9	458,98	0	73,6
776/97	0	74,4	1580/97	0,029	69,3	567/97	0	74,3
777/97	Spur	**73,4**	1777/97	0	73,0			

In den vorstehenden beiden Tabellen sind die Gehaltsangaben für die beanstandeten Proben **fett** gedruckt.

In der Beurtheilung trat während des Berichtsjahres eine nicht unwichtige Aenderung ein. Während nämlich früher auf Grund eines generellen Gutachtens des medicinischen Sachverständigen des Königlichen Polizei-Präsidii Fleisch erst dann als gesundheitsschädlich erklärt wurde, wenn der Gehalt an schwefliger Säure den Betrag von 0,1 Procent überschritt, ist diese Grenzzahl durch ein von dem nämlichen Herrn Sachverständigen de dato 22. November 1897 erstattetes Gutachten auf 0,06 Procent

SO$_2$ herabgesetzt worden. Hieraus erklärt es sich, weshalb in der obigen Zusammenstellung die Beanstandungen scheinbar nicht nach festen Grundsätzen erfolgten.

Uebrigens ist auch diese Grenzzahl noch als eine verhältnissmässig milde zu bezeichnen. Die Gebrauchsanweisungen der Conservesalz-Packete schreiben vor, für 1 Kilo Fleisch = 2 g Conservesalz zuzusetzen. Damit würde das Fleisch in maximo einen Gehalt von 0,05 Procent schwefliger Säure erhalten, und diese Zahl ist in Berlin als Grenzzahl angenommen worden. In Breslau wird noch der Zusatz von 2,4 g Conservesalz zu 1 Kilo Fleisch gestattet.

Fleischwaaren. Von den eingelieferten Fleischwaaren (Wurst etc.) gaben folgende zu Beanstandungen Veranlassung:

U. A. 1211/97. Eine am 9. August — allerdings während einer warmen Witterungsperiode — eingelieferte Knoblauchwurst war in starker Fäulniss begriffen, welche auch durch den starken Knoblauchzusatz nicht verdeckt werden konnte. Sie musste als verdorben bezeichnet werden.

U. A. 186/98. Von einem Unbekannten war im Umherziehen an verschiedene kleine Haushaltungen Cervelatwurst zu auffallend billigem Preise (das Kilo für 1 ℳ) verkauft worden. Dieselbe stellte sich als Rosswurst heraus. Das wider »Unbekannt« eingeleitete Verfahren hatte insofern keinen Erfolg, als es nicht gelang, den Verkäufer zu ermitteln.

U. A. 601/98. Eine Probe Cervelatwurst, aus einem der besseren Wurstgeschäfte stammend, erwies sich als so stark mit einem Theerfarbstoff gefärbt, dass der Käufer deren Genuss als ekelerregend zurückwies. Die Wurst wurde als verfälscht im Sinne des Nahrungsmittelgesetzes erklärt. Dieser Auffassung schloss sich in dem darauffolgenden Strafverfahren auch der betr. Gerichtshof an. — In diesem Falle wurde übrigens auch der Verkäufer der Wurstfarbe wegen »Beihilfe« verurtheilt.

Wassergehalt des Rossfleisches. Nach einer früheren Anzeige sollte angeblich Rossfleisch häufig durch Zusatz von Wasser und Stärke verfälscht werden. Aus diesem Grunde wird bei jeder Probe auch noch der Wassergehalt bestimmt und auf Stärke geprüft. Letztere ist uns bisher noch nicht als Verfälschung begegnet. Nur in einer Probe waren einzelne Körner von Kartoffelstärke zugegen, welche indessen durch einen Zufall hineingelangt sein mögen. Der Wassergehalt des Rossfleisches bewegte sich bei den untersuchten Proben von 66,3—76,5 Procent, während wir nach Feststellungen von selbstgeschabtem Rossfleisch noch einen Wassergehalt von 80 Procent als normal annehmen.

Ueber den Verkehr mit Fleischwaaren in hiesiger Stadt im Allgemeinen lässt sich etwas Erfreuliches leider nicht berichten. Die Qualität der Fleischwaaren weist vielmehr von Jahr zu Jahr eine dauernde Verschlechterung auf, welche namentlich bei den geräucherten Fleischwaaren zum Ausdruck kommt. Wurst und Schinken verlieren immer mehr ihren Charakter als Conserven und wandeln sich allmählich in Zubereitungen um, welche lediglich für den sofortigen Genuss bestimmt sind, aber auch eine nur kurze Aufbewahrung nicht mehr vertragen. Untrennbar damit verbunden ist auch eine Verschlechterung des Wohlgeschmackes. Man ist eben nicht im Stande, mit Hilfe der »Schnellmethoden« Erzeugnisse zu schaffen, welche den durch die altbewährten Methoden erhaltenen gleichwerthig sind. — Der Fleischwaaren-Industrie ist allmählich das fremd geworden, was man »gewerbegerecht« nennt.

Leider lässt sich gegen diese Uebelstände auf Grund des Nahrungsmittelgesetzes so gut wie garnichts machen. Wenn als Schinken heute ein Stück rohes Fleisch verkauft wird, welches nur 4—6 Stunden in der Räucherkammer gehangen hat, so ist das ungehörig. Man kann aber ein solches Erzeugniss weder als verfälscht, noch als verdorben, gesundheitsschädlich oder nachgemacht bezeichnen. Es ist eben noch nicht fertig, es würde nach einigen Tagen weiterer Räucherung anfangen das zu werden, was man Schinken nennt. Hiergegen also bieten die geltenden Gesetze nicht genügende Handhaben.

Eine Besserung würde lediglich dadurch zu erzielen sein, dass das kaufende Publikum gegen diese Missbräuche energisch Front macht, wozu allerdings nicht viel Aussicht vorhanden ist.

Butter.

Die Untersuchung von Butter beschäftigte das Amt in 409 Fällen und zwar wurden eingeliefert:

281 Proben durch das Königliche Polizei-Präsidium,
 14 * *   Gerichte und andere Behörden,
 92 = *   den Magistrat der Stadt Breslau,
 22 * *   Private.

Von den durch das Königliche Polizei-Präsidium eingelieferten Proben wurden 23 Proben (rund 8 Procent) beanstandet. Diese Beanstandungen erfolgten nicht sowohl deshalb, weil der Butter Margarine zugemischt oder untergeschoben war, sondern vorwiegend wegen zu hohen Gehaltes an Wasser oder Kochsalz oder deswegen, weil die Butter verdorben war.

In letzterer Hinsicht haben die Verkäufer während des Berichtsjahres sich in ziemlich wirksamer Weise zu schützen versucht, dadurch, dass sie den revidirenden (uniformirten) Executivbeamten die Butter möglichst als »Kochbutter« verkauften, an welche nun einmal bezüglich der Frische geringere Anforderungen gestellt werden. Hieraus erklärt sich auch der verhältnissmässig niedere Procentsatz der Beanstandungen. Selbstverständlich haben wir, sobald wir diesen Kunstgriff erst einmal begriffen hatten, unsere Gegenmassregeln getroffen.

Die Untersuchungen von Butter im Auftrage der städtischen Behörden haben eine weitere Ausdehnung erfahren. — Die einzelnen Verwaltungen haben die Nützlichkeit dieser Untersuchungen kennen gelernt und empfinden die letzteren nicht mehr als Belastung, sondern als einen erfreulichen Fortschritt. Die Folge davon ist, dass die Beschaffenheit der in den städtischen Anstalten zum Verbrauche gelangenden Butter sich ganz bedeutend gebessert hat.

Die für den Genuss auf Brot bestimmte Butter ist durchweg von bester Beschaffenheit; aber auch die Anforderungen an die für Kochzwecke zu verbrauchende Butter sind neuerdings ganz erheblich gesteigert worden. Einzelne Verwaltungen sind in ihren Ansprüchen in dieser Hinsicht sogar so streng geworden, dass wir Veranlassung nehmen mussten, diese Ansprüche auf ein mittleres Niveau herabzustimmen.

Wir lassen nunmehr eine Zusammenstellung der für die städtischen Behörden ausgeführten Butteruntersuchungen folgen.

Geschäfts-zeichen U. A.	Datum	Wasser Proc.	Trocken-rückstand Proc.	Kochsalz Proc.	Wollny's Zahl	Bemerkungen.
			Krankenhospital zu Allerheiligen.			
537/97	21. 4. 97	13,70	86,30	1,30	27,9	Tischb.
537/97	21. 4. 97	10,70	89,30	1,80	29,0	Kochb.
613/97	3. 5. 97	14,10	85,90	0,30	27,8	Tischb.
613/97	3. 5. 97	12,20	87,80	1,50	28,0	Kochb.
1082/97	21. 7. 97	10,20	89,80	0,70	27,2	Tischb.
1082/97	21. 7. 97	9,70	90,30	1,20	26,7	Kochb.
1673/97	25. 10. 97	13,60	86,40	0,57	29,4	Tischb.
1673/97	25. 10. 97	10,90	89,10	0,75	30,0	Kochb. Ranzig, Säuregrad 7,4. Verwarnt.
1731/97	1. 11. 97	10,00	90,00	0,82	29,5	Tischb.
1731/97	1. 11. 97	12,00	88,00	0,59	29,7	Kochb.
50/98	10. 1. 98	12,60	87,40	1,30	28,9	Tischb.
50/98	10. 1. 98	11,70	88,30	1,90	27,8	Kochb.
			Irrenanstalt in der Einbaumstrasse.			
484/97	12. 4. 97	10,30	89,70	0,40	30,1	Tischb.
484/97	12. 4. 97	12,20	87,80	1,75	29,4	desgl.
484/97	12. 4. 97	8,40	91,60	3,00	30,3	Kochb.
586/97	30. 4. 97	5,80	94,20	3,50	28,7	Kochb. Ranzig. Bemängelt.
689/97	15 5. 97	8,10	91,90	2,10	29,6	Kochb.
772/97	1. 6. 97	5,00	95,00	1,97	29,5	Kochb.
964/97	12. 7. 97	12,60	87,40	0,40	27,0	Tischb.
964/97	12. 7. 97	12,10	87,90	1,58	27,8	Kochb.
1506/97	5. 10. 97	14,00	86,00	1,05	26,9	Tischb.
1506/97	5. 10. 97	11,70	88,30	2,70	27,3	Kochb.
18/98	5. 1. 98	12,65	87,35	1,63	29,5	Tischb.
18/98	5. 1. 98	9,30	90,70	3,15	26,6	Kochb.
			Claassen'sches Siechenhaus.			
458/97	5. 4. 97	11,45	88,55	0,97	29,8	Tischb.
458/97	5. 4. 97	12,10	87,90	2,55	28,7	Kochb.
478/97	10. 4. 97	8,10	91,90	0,52	29,7	Tischb.
478/97	10. 4. 97	9,90	90,10	2,85	29,3	Kochb.
630/97	8. 5. 97	4,70	95,30	0,60	28,2	Tischb.
630/97	8. 5. 97	6,80	93,20	2,60	27,6	Kochb.
795/97	3. 6. 97	4,90	95,10	0,20	25,5	Tischb.
795/97	3. 6. 97	4,70	95,30	1,10	28,4	Kochb.
981/97	5. 7. 97	11,90	88,10	0,55	26,9	Tischb.
981/97	5. 7. 97	12,80	87,20	1,94	27,5	Kochb.
1062/97	16. 7. 97	10,90	89,10	1,93	26,7	Kochb.
1180/97	3. 8. 97	10,80	89,20	0,70	27,0	Tischb.
1180/97	3. 8. 97	13,40	86,60	0,80	27,6	Kochb.
1340/97	6. 9. 97	6,90	93,10	0,87	26,1	Tischb.
1340/97	6. 9. 97	11,35	88,65	2,53	29,8	Kochb.
1509/97	6. 10. 97	13,30	86,70	1,30	25,4	Tischb.
1509/97	6. 10. 97	10,00	90,00	3,00	27,6	Kochb.
1779/97	3. 11. 97	12,50	87,50	0,40	28,6	Tischb.
1779/97	3. 11. 97	8,20	91,80	4,20	29,7	Kochb.
1965/97	2. 12. 97	13,50	86,50	1,30	28,2	Tischb.
1965/97	2. 12. 97	10,40	89,60	4,00	29,1	Kochb.
13/98	5. 1. 98	12,00	88,00	1,70	28,4	Tischb.
13/98	5. 1. 98	10,10	89,90	2,30	27,6	Kochb.
222/98	2. 2. 98	11,30	88,70	1,20	26,7	Tischb.
222/98	2. 2. 98	9,90	90,10	2,15	29,9	Kochb.
493/98	9. 3. 98	12,4	87,60	1,90	28,5	Tischb.
493/98	9. 3. 98	9,5	90,50	2,90	27,7	Kochb.

Geschäfts-zeichen U. A.	Datum	Wasser Proc.	Trocken-rückstand Proc.	Kochsalz Proc.	Wollny's Zahl	Bemerkungen.
			Zufluchtshaus für Genesende in Weidenhof.			
1066/97	17. 7. 97	10,55	89,45	1,00	27,0	Tischb.
1231/97	11. 8. 97	9,70	90,30	0,90	27,8	desgl.
1360/97	9. 9. 97	11,00	89,00	0,90	26,9	desgl.
1549/97	13. 10. 97	10,70	89,30	0,80	26,7	desgl.
1846/97	12. 11. 97	11,70	88,30	0,60	29,7	desgl.
2047/97	9. 12. 97	10,75	89,25	0,80	28,4	desgl.
63/98	10. 1. 98	13,60	86,40	0,80	27,2	desgl.
239/98	4. 2. 98	14,20	85,80	1,30	29,9	desgl.
504/98	11. 3. 98	13,10	86,90	1,60	28,9	desgl.
504/98	11. 3. 98	10,30	89,70	0,40	24,7	Kochb.
			Wenzel Hancke'sches Krankenhaus.			
482/97	12. 4. 97	15,80	84,20	1,55	30,2	Tischb.
482/97	12. 4. 97	13,40	86,60	2,50	29,8	Kochb.
734/97	24. 5. 97	13,80	86,20	0,70	28,1	Tischb.
734/97	24. 5. 97	16,40	83,60	3,10	25,9	Kochb.
638/97	6. 5. 97	13,40	86,60	1,60	29,4	Tischb.
638/97	6. 5. 97	17,00	83,00	3,30	29,6	Kochb.
867/97	15. 6. 97	15,85	84,15	1,91	26,6	Tischb.
867/97	15. 6. 97	15,75	84,25	2,57	24,4	Kochb.
941/97	1. 7. 97	9,30	90,70	1,70	27,2	Tischb.
941/97	1. 7. 97	5,20	94,80	1,60	24,5	Kochb.
1034/97	14. 7. 97	13,80	86,20	1,24	26,4	Tischb.
1034/97	14. 7. 97	14,30	85,70	2,05	21,4	Kochb. S. w. unten.
1149/97	28. 7. 97	10,45	89,55	1,85	28,7	Tischb.
1149/97	28. 7. 97	6,10	93,90	1,45	27,8	Kochb.
1226/97	11. 8. 97	13,60	86,40	2,12	26,9	Tischb.
1226/97	11. 8. 97	16,30	83,70	3,30	25,9	Kochb.
1512/97	6. 10. 97	10,33	89,67	0,90	26,6	Tischb.
1512/97	6. 10. 97	11,40	88,60	1,57	27,8	Kochb.
1513/97	6. 10. 97	11,40	88,60	1,57	27,8	Kochb.
2186/97	28. 12. 97	11,97	88,03	0,68	29,8	Tischb.
2186/97	28. 12. 97	12,03	87,97	1,68	28,0	Kochb. Säuregrad 9,34.
246/98	7. 2. 98	9,55	90,45	1,94	28,5	Kochb. Säuregrad 11,6.
414/98	26. 2. 98	13,30	86,70	0,78	29,1	Kochb
421/98	28. 2. 98	11,00	89,00	0,72	29,2	Kochb.
463/98	3. 3. 98	10,10	89,90	1,30	29,1	Kochb.
			Städtisches Armenhaus.			
520/97	15. 4. 97	6,70	93,30	1,20	—	
1004/97	8. 7. 97	9,64	90,36	1,30	27,2	
1530/97	9. 10. 97	12,55	87,45	1,12	27,5	
30/98	7. 1. 98	10,70	89,30	2,61	28,9	

Durchmustern wir dieses Material, so können wir daraus folgende Schlüsse ableiten:

Bezüglich des Wassergehaltes zunächst geben uns diese Proben, welche den Durchschnitt der im reellen Verkehr umgesetzten Butter darstellen, den Beweis, dass die Erzeugung wasserarmer Butter wohl möglich und dass die Grenzzahl von 15 bis 16 Procent für den Wassergehalt der Butter zutreffend ist.

Der Wassergehalt der Butter bewegte sich bei den 92 untersuchten Proben nämlich von 4,7—17 Procent. Der Betrag von 15 Procent wurde überhaupt nur in sechs Fällen überschritten, und geht man auf diese näher ein, so zeigt es sich, dass

sie sämmtlich bei einer Verwaltung vorkamen, die ihren Bedarf von einem Zwischen-
händler und nicht vom Producenten deckt.

Zieht man ferner in Erwägung, dass gerade diese Verwaltung bei ihrer Versorgung mit Butter die meisten Schwierigkeiten zu überwinden hatte, so wird man die
erwähnten 6 Proben, deren Wassergehalt den Betrag von 15 Procent überschreitet, einfach auszuschalten haben.

Bezüglich des methodischen Theiles der Butter-Untersuchung können wir mittheilen, dass wir zum Zwecke der Markt-Controle nur noch die Bestimmung der
Reichert-Meissl'schen Zahl in der Modifikation von Leffmann-Beam anwenden. Es ist
nicht ohne Interesse, darauf hinzuweisen, in welcher Weise sich die Methodik der
Butter-Untersuchung entwickelt hat. Gegen 1875 wurde die Methode von Hehner-
Angell veröffentlicht. Ihr folgte diejenige von Reichert-Meissl. Diese wurde später
von Wollny in so gründlicher Weise verbessert, dass die an sich recht einfache Methode
zu einem recht complicirten Mechanismus wurde. Infolgedessen wurde in den Jahren
1880—1890 die Bestimmung der Köttstorfer Zahl, welche etwas weniger Zeit in
Anspruch nahm, namentlich als orientirende Prüfung, vielfach angewendet. Alsdann
folgte zu Anfang der 90er Jahre die Einführung des Refraktometers. Es ist unglaub-
lich, was dieses Instrument alles leisten sollte. Sehr wider ihren Willen mussten sich
die Fachgenossen dieses theure Instrument anschaffen, wenn sie nicht als veraltet gelten
wollten.

Seitdem hat sich der Enthusiasmus für das Refraktometer stark abgekühlt.
Die Fachgenossen sind wiederum zur Bestimmung der Reichert-Meissl'schen Zahl
zurückgekehrt, und zwar hat sich die Bestimmung derselben in der Modifikation von
Leffmann-Beam, über welche wir im Vorjahre berichtet hatten, Eingang in wohl alle
Laboratorien verschafft, und die Berichte über die Zuverlässigkeit der Methode, welche
sich übrigens mit den von uns veröffentlichten vollkommen decken, sind so überaus
günstig, dass die allgemeine Benutzung der Methode für eine längere Zeit gesichert
erscheint.

Leider ist diese Methode in den Bestimmungen des Bundesrathes zur Prüfung
von Butter etc., wohl weil deren Ausarbeitung eine längere Zeit zurückliegt, noch
nicht zur Aufnahme gelangt. Es ist vielmehr dort noch die umständlichere Methode
vorgeschrieben. Es wird sich also möglicherweise die Nothwendigkeit ergeben, in
solchen Fällen, welche zur gerichtlichen Entscheidung kommen, beide Methoden anzuwenden.

Wir haben also neuerdings zum Zwecke der Vorprüfung alle übrigen Methoden
aufgegeben und bedienen uns hierfür lediglich noch der Reichert-Meissl'schen Methode
in der Modifikation von Leffmann-Beam.

Bezüglich der Beurtheilung von Fälschungen der Butter durch fremde Fette
haben sich die Schwierigkeiten, über welche wir schon im Vorjahre berichteten, noch
nicht beheben lassen. — Die Fälle, in welchen Butterfett infolge besonderer Fütterung
oder infolge der besonderen Viehrace oder aus sonstigen noch nicht völlig aufgeklärten
Ursachen abnorme Zusammensetzung annimmt, welche im Sinken des Procentgehaltes
an flüchtiger Fettsäure zum Ausdruck kommt, mehren sich von Jahr zu Jahr. Der
Analytiker hat mit diesen Möglichkeiten ernstlich zu rechnen. Leider aber stellen sich

der völligen Aufklärung dieser immerhin noch seltenen Fälle häufig unüberwindliche Schwierigkeiten entgegen insofern, als es vielfach unmöglich ist, namentlich bei Marktbutter, den Ursprung festzustellen.

Wir geben zunächst das zahlenmässige Material der Marktcontrole mit Butter wieder.

Butterproben, im Auftrage des Königlichen Polizei-Präsidii untersucht, welche sich bei der Vorprüfung (Bestimmung der Wollny'schen Zahl) als unverdächtig erwiesen.

Geschäftszeichen U. A.	Datum	Wollny's Zahl	Bemerkungen	Geschäftszeichen U. A.	Datum	Wollny's Zahl	Bemerkungen
443/97	2. 4. 97	29,2		845/97	11. 6. 97	29,0	
474/97	9. 4. 97	28,3		865/97	15. 6. 97	26,4	
495/97	14. 4. 97	27,9		870/97	16. 6. 97	29,5	Kochsalz 1,9 Proc.
496/97	14. 4. 97	27,2		876/97	17. 6. 97	31,0	
497/97	14. 4. 97	27,2		877/97	17. 6. 97	30,8	
498/99	14. 4. 97	30,9		905/97	24. 6. 97	26,9	
499/97	14. 4. 97	29,1		906/97	24. 6. 97	33,2	
500/97	14. 4. 97	29,4		916/97	25. 6. 97	23,5	
503/97	14. 4. 97	26,8	Kochsalz 5,7 Proc.	924/97	28. 6. 97	31,4	
511/97	15. 4. 97	28,2		925/97	28. 6. 97	29,0	
512/97	15. 4. 97	27,5		926/97	28. 6. 97	28,4	
526/97	17. 4. 97	28,8		947/97	2. 7. 97	31,0	
527/97	17. 4. 97	24,7		957/97	3. 7. 97	27,2	
528/97	17. 4. 97	29,4		988/97	6. 7. 97	28,8	
533/97	21. 4. 97	23,7		989/97	6. 7. 97	27,2	
534/97	21. 4. 97	28,9		990/97	6. 7. 97	28,8	
546/97	24. 4. 97	32,9	Kochsalz 5,3 Proc.	991/97	6. 7. 97	27,1	
547/97	24. 4. 97	28,3	{Refrakt.(25°C.) 51,9. {Säuregrad 6,1.	1016/97	6. 7. 97	26,6	
553/97	25. 4. 97	28,9	Kochsalz 5,4 Proc.	1017/97	10. 7. 97	26,9	
554/97	26. 4. 97	27,1		1018/97	10. 7. 97	30,5	
555/97	26. 4. 97	28,8		1025/97	13. 7. 97	26,3	
581/97	30. 4. 97	28,0		1026/97	13. 7. 97	28,3	
626/97	5. 5. 97	29,4		1041/97	15. 7. 97	28,6	
639/97	6. 5. 97	29,4	{Säuregrad 9,4, aber {guter Geschmack.	1047/97	15. 7. 97	30,4	
643/97	7. 5. 97	25,1		1058/97	16. 7. 97	29,5	
661/97	11. 5. 97	28,6		1059/97	16. 7. 97	28,1	
662/97	11. 5. 97	28,6		1074/97	19. 7. 97	30,0	Kochsalz 3,3 Proc.
679/97	14. 5. 97	27,3		1137/97	27. 7. 97	28,2	
683/97	14. 5. 97	26,9		1138/97	27. 7. 97	30,4	
692/96	17. 5. 97	29,0		1139/97	27. 7. 97	26,1	
694/97	17. 5. 97	28,1		1171/97	3. 8. 97	25,2	
695/97	17. 5. 97	28,6		1172/97	3. 8. 97	30,1	
696/97	17. 5. 97	27,1		1207/97	9. 8. 97	28,8	
713/97	20. 5. 97	26,4	Kochsalz 3,5 Proc.	1217/97	11. 8. 97	26,2	Kochsalz 4 Proc.
714/97	20. 5. 97	29,0		1220/97	11. 8. 97	27,4	
717/97	20. 5. 97	27,4	Kochsalz 2,5 Proc.	1221/97	11. 8 97	27,7	
721/97	21. 5. 97	24,3		1222/97	11. 8. 97	28,8	
724/97	21. 5. 97	25,8		1242/97	14. 8. 97	27,1	Wasser 15,3 Proc.
753/97	28. 5. 97	25,0		1243/97	14. 8. 97	25,5	
754/97	28. 5. 97	27,6		1248/97	14. 8. 97	24,6	
758/97	28. 5. 97	31,4		1256/97	16. 8. 97	28,0	
759/97	28. 5. 97	24,2		1257/97	16. 8. 97	27,2	
790/97	3. 6. 97	25,9		1261/97	17. 8. 97	25,8	
803/97	4. 6. 97	27,8		1273/97	18. 8. 97	24,8	
836/97	10. 6. 97	28,8		1274/97	18. 8. 97	23,9	
843/97	11. 6. 97	31,2		1275/97	18. 8. 97	30,9	
844/97	11. 6. 97	28,5		1279/97	18. 8. 97	29,1	
				1289/97	21. 8. 97	27,8	

Geschäfts-zeichen U. A.	Datum	Wollny's Zahl	Bemerkungen	Geschäfts-zeichen U. A.	Datum	Wollny's Zahl	Bemerkungen
1308/97	27. 8. 97	27,1	Kochsalz 3,3 Proc.	1823/97	8. 11. 97	27,8	
1344/97	6. 9. 97	30,7		1829/97	10. 11. 97	28,7	
1345/97	6. 9. 97	26,5		1839/97	12. 11. 97	28,3	
1348/97	7. 9. 97	25,8		1853/97	13. 11. 97	31,2	
1349/97	7. 9. 97	24,7		1856/97	15. 11. 97	31,3	
1350/97	7. 9 97	27,6		1858/97	15. 11. 97	29,7	
1365/97	10. 9. 97	31,5	Kochsalz 3,9 Proc.	1875/97	16. 11. 97	25,6	
1370/97	10. 9. 97	25,3		1876/97	16 11. 97	29,5	
1371/97	10. 9. 97	27,0		1879/97	16. 11. 97	28,1	Kochsalz 3,85 Proc
1372/97	10. 9. 97	26,1		1880/97	16. 11. 97	29,6	Kochsalz 4,7 Proc.
1376/97	11. 9. 97	26,7		1882/97	16. 11. 97	31,1	
1381/97	13. 9. 97	25,2		1883/97	16. 11. 97	27,2	
1385/97	14. 9. 97	23,1	Hehner's Zahl 87,9.	1915/97	24. 11. 97	26,7	
1386/97	14. 9. 97	25,5		1916/97	24. 11. 97	26,5	
1396/97	14. 9. 97	25,4		1917/97	24. 11. 97	28,7	
1399/97	14. 9. 97	26,3		1920/97	25. 11. 97	26,0	
1404/97	15. 9. 97	26,3		1925/97	25. 11. 97	27,8	
1418/97	17. 9. 97	29,6		1956/97	30. 11. 97	29,6	Kochsalz 4,1 Proc.
1419/97	17. 9. 97	27,6		1970/97	2. 12. 97	28,6	
1425/97	18. 9. 97	26,4		1986/97	6. 12. 97	25,3	
1426/97	18. 9. 97	30,9	Kochsalz 4,9 Proc.	1990/97	6 12. 97	28,0	
1427/97	18. 9. 97	29,9		1998/97	7. 12. 97	25,1	
1463/97	28. 9. 97	26,7		1999/97	7. 12. 97	28,1	
1464/97	28. 9. 97	27,6		2000/97	7. 12. 97	27,0	
1465/97	28. 9. 97	26,9		2005/97	7. 12. 97	29,3	
1467/97	28. 9. 97	27,3		2028/97	8. 12. 97	30,0	
1497/97	4. 10. 97	27,5		2039/97	9. 12. 97	26,2	
1538/97	11. 10. 97	24,8		2040/97	9. 12. 97	28,4	
1552/97	13. 10. 97	27,3		2050/97	10. 12. 97	27,3	
1556/97	13. 10. 97	28,4		2051/97	10. 12. 97	24,5	
1557/97	13. 10. 97	27,2		2064/97	11. 12. 97	28,7	
1558/97	13. 10. 97	27,0		2083/97	15. 12. 97	26,1	
1560/97	13. 10. 97	28,1		2084/97	15. 12. 97	33,4	
1564/97	13. 10. 97	24,9		2085/97	15. 12. 97	27,0	
1565/97	13. 10 97	28,3		2098/97	16. 12. 97	29,5	
1576/97	14. 10. 97	25,4		2130/97	22. 12. 97	27,0	
1578/97	14. 10. 97	28,3		2162/97	22. 12. 97	32,3	
1603/97	15. 10. 97	28,8		2163/97	22. 12. 97	26,7	
1612/97	18. 10. 97	26,3		2164/97	22. 12. 97	29,2	
1614/97	18. 10. 97	29,4		2176/97	24. 12. 97	27,6	
1619/97	18. 10. 97	26,4		38/98	8. 1. 98	28,9	
1620/97	18. 10. 97	26,9		39/98	8. 1. 98	31,9	
1636/97	20. 10. 97	26,7		40/98	8. 1. 98	26,7	
1646/97	21. 10. 97	26,2		55/98	10. 1. 98	27,8	
1659/97	23. 10. 97	28,3	Kochsalz 5,2 Proc.	72/98	11. 1. 98	23,4	
1661/97	23. 10. 97	31,6		74/98	11. 1. 98	31,4	
1685/97	26. 10. 97	29,8		75/98	11. 1. 98	26,1	
1704/97	28. 10. 97	27,8		90/98	12. 1. 98	23,6	
1705/97	28. 10. 97	27,8		93/98	13. 1. 98	29,7	
1706/97	28. 10. 97	32,2		94/98	13. 1. 98	29,3	
1741/97	1. 11. 97	30,8		99/98	13. 1. 98	27,6	Kochsalz 1,5 Proc.
1742/97	1. 11. 97	30,7		100/98	13. 1. 98	30,0	Kochsalz 3,7 Proc.
1743/97	1. 11. 97	24,8		112/98	14. 1. 98	28,4	
1744/97	1. 11. 97	29,7		113/98	14. 1. 98	28,3	
1758/97	2. 11. 97	27,2		118/98	14. 1. 98	30,1	
1795/97	4. 11. 97	31,2		128/98	15. 1. 98	30,0	
1801/97	4. 11. 97	32,6		130/98	17. 1. 98	28,4	
1802/97	4. 11. 97	29,8		131/98	17. 1. 98	29,8	
1803/97	4. 11. 97	30,0		132/98	17. 1. 98	29,1	
1821/97	8. 11. 97	27,0		153/98	20. 1. 98	30,2	

Geschäftszeichen U. A.	Datum	Wollny's Zahl	Bemerkungen	Geschäftszeichen U. A.	Datum	Wollny's Zahl	Bemerkungen
169/98	24. 1. 98	30,4		433/98	2. 3. 98	28,3	
170/98	24 1. 98	25,3		440/98	2. 3. 98	29,0	
171/98	24. 1 98	26,4		441/98	2. 3. 98	29,2	
183/98	24. 1. 98	26,5		442/98	2. 3. 98	29,2	
206/98	31. 1. 98	29,3		443/98	2. 3. 98	27,5	
228/98	3. 2. 98	24,5		444/98	2. 3. 98	27,6	
260/98	10. 2. 98	29,0		445/98	3. 3. 98	26,2	
266/98	10. 2. 98	29,1		473/98	5. 3. 98	29,1	
267/98	10. 2. 98	31,0	Kochsalz 4,8 Proc,	474/98	5. 3. 98	1,0	Ist Margarine.
268/98	10. 2. 98	27,6		502/98	11. 3. 98	27,4	
269/98	10. 2. 98	29,4		512/98	12. 3. 98	26,0	
270/98	10. 2. 98	27,6		517/98	14. 3. 98	27,8	
271/98	10. 2. 98	27,1		518/98	14. 3. 98	31,8	
274/98	10. 2. 98	29,1		519/98	14. 3. 98	28,2	
289/98	11. 2. 98	29,0	Kochsalz 2,9 Proc.	525/98	14. 3. 98	29,4	
299/98	14. 2. 98	30,2		527/98	14. 3. 98	32,5	
308/98	15. 2. 98	27,5		535/98	15. 3. 98	27,9	
309/98	15. 2. 98	27,0		558/98	22. 3. 98	30,4	
368/98	19. 2. 98	29,5		559/98	22. 3. 98	25,4	
369/98	19. 2. 98	27,8		574/98	24. 3. 98	25,8	
370/98	19. 2. 98	28,2		579/98	25. 3. 98	27,7	
385/98	23. 2. 98	28,1		580/98	25. 3. 98	29,2	
394,98	24. 2. 98	28,1		581/98	25. 3. 98	27,5	
395/98	24. 2. 98	25,7		598/98	26. 3. 98	27,1	
396/98	24. 2. 98	29,2		610/98	29. 3. 98	26.1	
404/98	25. 2. 98	26,8		611/98	29. 3. 98	28,4	
406/98	26. 2. 98	29,4	Kochsalz 2,6 Proc.	612/98	29. 3. 98	25,3	
408/98	26. 2. 98	27,0		619/98	30. 3. 98	26,0	Kochsalz 4,8 Proc.
420/98	28. 2. 98	26,0		620/98	30. 3. 98	27,5	Kochsalz 3,8 Proc.

Die vorstehende Zusammenstellung umfasst, wenn wir die eine später zu besprechende Probe U. A. 474/98, welche sich als Margarine erwies, ausschalten, insgesammt 272 Butterproben. Bei diesen vertheilen sich die ermittelten Wollny'schen Zahlen wie folgt:

Die Wollny'sche Zahl lag unter 24				bei	6	Proben
⸗	⸗	⸗	⸗ bei	24—24,9 ⸗	11	⸗
⸗	⸗	⸗	⸗ ⸗	25—25,9 ⸗	21	⸗
⸗	⸗	⸗	⸗ ⸗	26—26,9 ⸗	39	⸗
⸗	⸗	⸗	⸗ ⸗	27—27,9 ⸗	59	⸗
⸗	⸗	⸗	⸗ ⸗	28—28,9 ⸗	47	⸗
⸗	⸗	⸗	⸗ ⸗	29—29,9 ⸗	46	⸗
⸗	⸗	⸗	⸗ ⸗	30 u. darüb. ⸗	43	⸗

Summa   272 Proben.

Die unter 24 gefundenen Werte waren: 23,1, 23,4, 23,5, 23,6, 23,7 23,9. Die höchste der beobachteten Zahlen war 33,4.

Wir sind uns allerdings bewusst, dass bei den Proben, welche unter 24 liegende Werte ergeben, die Möglichkeit einer Verfälschung mit fremden Fetten nicht ausgeschlossen ist, glauben aber, dass eine völlige Aufklärung dieser dem Marktverkehr entstammenden Fälle mit den uns zur Verfügung stehenden Mitteln nicht möglich ist.

Butterproben, bei welchen die Untersuchung einen zu hohen Wassergehalt ergab.

Geschäfts-zeichen U. A.	Datum	Auftraggeger	Trocken-rückstand Proc.	Wollny's Zahl	Wasser Proc.	Bemerkungen
692/97	17. 5. 97	Polizei-Präs.	77,8	22,2	29,0	Fett 75,5 %, Kochsalz 1,6 %.
1403/97	15. 9. 97	= =	67,8	32,2	25,0	{ Fett 54,5 %, Caseïn 6,7 %, Kochsalz 6,5 %. Verfälscht.
1404/97	15. 9. 97	= =	72,2	27,8	26,3	Fett 70,6. Verfälscht.
2051/97	10. 12. 97	= =	67,9	32,1	24,5	Verfälscht.
404/98	25. 2. 98	= =	52,6	47,4	26,8	desgl.
473/98	5. 3. 98	= =	72,8	27,2	29,1	desgl.
557/98	22. 3. 98	= =	74,0	26,0	24,1	Säuregrad 7,9 %. Verfälscht.
574/98	24. 3. 98	= =	56,4	43,6	25,8	Verfälscht.
598/98	26. 3. 98	= =	75,6	24,4	27,1	desgl.

Butterproben, bei denen ein zu hoher Gehalt an Kochsalz festgestellt wurde.

Geschäfts-zeichen U. A.	Datum	Auftraggeber	Wollny's Zahl	Wasser Proc.	Kochsalz Proc.	Bemerkungen
428/97	2. 4. 97	Polizei-Präs.	--	—	6,0	Beanstandet.
514,97	15. 4. 97	= =	—	8,7	4,2	Nicht beanstandet.
546/97	24. 4. 97	= =	32,9	—	5,3	Beanstandet.
556/97	25. 4. 97	= =	28,9	—	5,4	desgl.
1047/97	15. 7. 97	= =	30,4	—	6,5	desgl.
1261/97	17. 8. 97	= =	25,8	—	5,4	Ranzig. Beanstandet.
1661/97	23. 10. 97	= =	31,6	—	9,0	Beanstandet.
37/98	8. 1. 98	= =	30,0	—	7,1	desgl.

Butterproben, welche auf Verdorbensein zu prüfen waren.

N. B. = Nicht beanstandet.

Geschäfts-zeichen U. A.	Datum	Auftraggeber	Wollny's Zahl	Säuregrad	Bemerkungen.
545/97	24. 4. 97	Polizei-Präs.	28,1	24,8	Verdorben.
574/97	29. 4. 97	Privatperson	30,6	2,7	Die Butter war völlig verdorben (talgig)
900/97	23. 6. 97	Polizei-Präs.	—	2,13	Es lag Schmelzbutter vor. N. B.
1279/97	18. 8. 97	= - =	29,1	9,8	Verdorben.
1619/97	18. 10. 97	= =	26,4	11,6	Backbutter. N. B.
1620/97	18. 10. 97	= =	26,9	11,3	Von gutem Geschmack. N. B.
1636/97	20. 10. 97	= =	26,9	—	Backbutter. N. B.
1646/97	21. 10. 97	= =	26,2	28,8	Backbutter. N. B.
1699/97	28. 10. 97	= =	28,3	9,2	Verdorben.
1722/97	29. 10. 97	= =	25,5	22,9	Backbutter. N. B.
1823/97	8. 11. 97	= =	27,8	36,7	Verdorben.
1920/97	25. 11. 97	= =	26,0	23,4	Backbutter. N. B.
1986/97	6. 12. 97	= =	25,3	24,4	Backbutter. N. B.
1990/97	6. 12. 97	= =	28,0	7,0	N. B. Guter Geschmack.
2130/97	22. 12. 97	= =	27,0	15,1	Backbutter. N. B.
2176/97	24. 12. 97	= =	27,6	9,8	Verdorben.
4/98	4. 1. 98	= =	24,1	8,9	Verdorben.
228/98	3. 2. 98	= =	24,5	35,1	Verdorben.
246/98	7. 2. 98	Magistrat	28,5	11,6	{ Verdorben, alt und ranzig, entspricht nicht den Lieferungsbedingungen.
399/98	24. 2. 98	Privatperson	25,3	30,6	Verdorben.

Im Nachstehenden geben wir einige Fälle wieder, welche eines gewissen allgemeinen Interesses nicht entbehren.

U. A. 474/98. Backbutter. Seitens einer Behörde war eine Backbutter eingeliefert worden, welche sich nach der Wollny-Zahl 1,0 als Margarine erwies. Da indes in dem Begleitschreiben nichts darüber angegeben war, welcher Preis für die Probe gezahlt worden war, so richteten wir eine entsprechende Anfrage an die Auftraggebende Behörde. Es stellte sich heraus, dass die Probe ohne Bezahlung, infolge amtlicher Requisition, aus den Beständen eines Bäckers entnommen war. Es konnte demnach eine Beanstandung nicht eintreten.

U. A. 513/97. Von einem Privaten war Butter eingesendet worden, die aus einem weissen Kern und einer gelben Hülle bestand. Beide Teile gaben die Wollny-Zahlen 25,8 bez. 26,1. Es lag demnach nicht — wie geargwöhnt worden war — eine Unterschiebung von Margarine vor, sondern es war ein Kern alter Butter in einer Mantel aus frischer Butter hineinprakticirt worden.

U. A. 1034/97. Von einem städtischen Krankenhause war Butter von folgender Zusammensetzung eingeliefert worden: Wasser 14,30 — Trockenrückstand 85,7 — Kochsalz 2,05 — Refraction bei 25 ⁰ C. 52,9 — Köttstorfer Zahl 221,6 — Hehner's Zahl 90,86 — Wollny's Zahl 21,4. — Diese Butter war eines Zusatzes von Margarine dringend verdächtig. Wir haben uns bemüht, den Ursprung dieser Butter festzustellen, indessen war dies nicht mit Sicherheit möglich. Die fortgesetzte Controle ergab, dass bei dem betr. Krankenhause eine ähnliche Butter nicht mehr vorgekommen ist.

U. A. 1311/97. Betraf einen ähnlichen Fall. Die Butter gab folgende Zahlen: Refraction bei 25 ⁰ C. = 53,4, Köttstorfer Zahl 226,9, Hehner's Zahl 90,5, Wollny's Zahl 21,1. Wir konnten die Möglichkeit nicht ganz von der Hand weisen, dass es sich hier um ein Butterfett von abnormer Zusammensetzung handle.

U. A. 1385/97. Das Butterfett gab folgende Constanten: Wollny's Zahl 23, Hehner's Zahl 87,9. Hier ist im Gegensatz zum vorigen Falle die Wahrscheinlichkeit vorhanden, dass Butterfett von abnorm niedriger Wollny-Zahl vorliegt.

U. A. 1569/98. Nachfolgende, im Wege der regelmässigen Markt-Controle eingelieferte Butter ergab folgende Zahlen: Säuregrad 35,7, Refraction bei 25 = 53,4, Köttstorfer Zahl 216,8, Wollny's Zahl 18,75, Hehner's Zahl 91,20. Demnach erschien diese Butter einer Verfälschung durch ein fremdes Fett dringend verdächtig. Auffällig erschien dabei nur die hohe Ranzigkeit, welche bei einer Mischbutter für gewöhnlich nicht vorkommt. Da sich auch in diesem Falle der Ursprung der Butter nicht nachweisen liess, so begnügten wir uns, dieselbe als verdorben zu bezeichnen.

U. A. 1810/97. Von einer auswärtigen Polizei-Verwaltung wurde Butter eingeliefert, welche aus einem weissen Kern und einer gelben Hülle bestand.

	Kern	Hülle
Säuregrad	7,46	5,15
Wasser	17,7	7,2
Trockenrückstand . . .	82,3	92,8
Wollny's Zahl	28,7	28,0

Aus der Abweichung in der Farbe, dem Wassergehalt, namentlich aber aus dem schlechten Geschmack des Kernes konnte der Schluss gezogen werden, dass verdorbene

Butter in betrügerischer Absicht zur Herstellung des Kernes dieser Butter vorwendet worden war.

U. A. 486/98. Von einer auswärtigen Staatsanwaltschaft übersendet. — Auch in diesem Falle war ein alter Kern (Wollny's Zahl 24,6) mit einer Hülle (Wollny's Zahl 25,0) von frischer Butter umgeben worden.

U. A. 896/97 betraf einen Fall von recht raffinirter Butter-Fälschung. Von einer auswärtigen Staatsanwaltschaft wurden nachstehende Butterproben zur Untersuchung eingesendet:

	I	II	III	IV
Refraction bei 25°. . .	54,9	52,1	60,6	53,5
Wollny's Zahl.	18,0	27,6	1,37	23,8

Nach diesem Ausfall war Probe I einer Fälschung mit fremden Fetten dringend verdächtig. Probe III war Margarine. Da hier alle Vorbedingungen günstig waren, beantragten wir Butterung unter amtlicher Aufsicht. Die so hergestellte Control-Butter ergab: Refraction 52,4, Wollny's Zahl 26,0. Damit war die stattgehabte Fälschung bewiesen.

In der später stattfindenden Verhandlung wurde Folgendes festgestellt: Die fragliche Butter stammte von einem Bauergutsbesitzer. Dieser bezog für sein Gesinde regelmässig Margarine in nicht unbeträchtlichen Mengen. Die von ihm in die benachbarte Stadt abgesetzte Butter wurde mehr oder weniger mit der bezogenen Margarine verfälscht. — Diese Fälschung wurde in der raffinirten Weise vorgenommen, dass die Frau des Besitzers dem zu verbutternden Rahm etwa 30—40 Procent der zu erwartenden Butter an Margarine zusetzte. Hierdurch wurde zunächst die Mischung der Butter mit Magarine ausserordentlich gleichmässig, ausserdem aber wurde der Geschmack demjenigen reiner Butter ähnlicher. — Die Fälscher wurden zu empfindlichen Geldstrafen verurtheilt. Der Fall giebt eine ausgezeichnete Illustration zu der in einigen Büchern sich findenden Angabe, dass die Vermischung von Margarine mit Butter auf technische Schwierigkeiten stosse, weil gleichmässige Mischungen sich nur unter Benutzung besonderer maschineller Einrichtungen erzielen liessen.

Die Polizei-Verordnung, welche bisher den Kleinhandel mit Butter für Breslau regelte, hat sich gelegentlich eines Specialfalles als unzulänglich erwiesen. Diese Verordnung bezog sich nämlich nur auf den Verkehr auf den öffentlichen Märkten (Wochenmärkten).

In einem Falle war von uns eine Butter auf Grund dieser Polizei-Verordnung beanstandet worden. Der Verkäufer beantragte richterliche Entscheidung und machte geltend, dass diese Verordnung auf ihn Anwendung nicht finden könne, da der qu. Ankauf nicht auf dem Wochenmarkte, sondern in einem geschlossenen Verkaufslokale stattgefunden hatte. Es erfolgte Freisprechung.

Infolgedessen machte sich eine Erweiterung der Giltigkeit dieser Verordnung auch auf die Verkaufsläden erforderlich, und da dies den Erlass einer neuen Verordnung voraussetzte, so wurde die Gelegenheit wahrgenommen, die Verordnung den modernen Bedürfnissen möglichst anzupassen.

Die Verordnung, welche von den gewerblichen Fachblättern recht günstig beurtheilt worden ist, lautet:

Auf Grund der §§ 5 und 6 des Gesetzes über die Polizei-Verwaltung vom 11. März 1850 und der §§ 143 und 144 des Gesetzes über die allgemeine Landesverwaltung vom 30. Juli 1883 wird unter Zustimmung des Magistrats der Königlichen Haupt- und Residenzstadt Breslau für den Stadtkreis Breslau Folgendes verordnet:

§ 1.

Auf den Wochenmärkten und in allen Verkaufslokalen darf geformte Butter nur in vollwichtigen Stücken von 1, ½, ¼ oder ⅛ Kilogramm feilgehalten oder verkauft werden.

§ 2.

Der hier feilgebotenen Butter dürfen höchstens 3 Procent des Gewichtes an Salz beigemischt sein.

§ 3.

Auf den Verkauf von Butter, welche in Gefässen mit einem Inhalte von wenigstens 3 Kilogramm Butter feilgeboten wird, findet die vorstehende Bestimmung — § 2 — keine Anwendung.

§ 4.

Die hier feilgebotene Butter muss mindestens 80 Procent Butterfett enthalten.

§ 5.

Wird Butter in Gefässen feilgehalten, so müssen die Kochbutter enthaltenden Gefässe mit der Aufschrift „Kochbutter" und die Tafelbutter enthaltenden Gefässe mit der Aufschrift „Tafelbutter" versehen sein. Die Aufschriften müssen in unverwischbarer, mindestens 3 Centimeter grosser, leserlicher Schrift angebracht sein, in leserlichem Zustande erhalten werden und sich an in die Augen fallender Stelle befinden.

§ 6.

Wird Tafel- oder Kochbutter in Umhüllungen verkauft, welche aus Papier bestehen, so müssen diese Umhüllungen auf der äusseren Seite die Aufschrift „Kochbutter bezw. Tafelbutter" in unverwischbarer, leserlicher Schrift tragen. Im übrigen dürfen die Umhüllungen weder bedruckt noch beschrieben sein und müssen sich in sauberem Zustande befinden.

§ 7.

Zuwiderhandlungen gegen die vorstehenden Vorschriften werden mit Geldstrafe bis zu 30 Mark, im Unvermögensfalle mit entsprechender Haft bestraft, sofern nicht nach den allgemeinen Strafgesetzen eine härtere Strafe verwirkt ist.

§ 8.

Diese Polizei-Verordnung tritt am 1. August d. J. in Kraft. Mit demselben Zeitpunkte tritt die Polizei-Verordnung vom 19. Juli 1873 ausser Kraft.

Breslau, den 1. Juli 1898.   Der Königliche Polizei-Präsident.

i. V. Zacher.

Sollte — was gegenwärtig noch nicht in dem zu wünschenden Umfange der Fall ist — diese Polizei-Verordnung streng durchgeführt werden, so würden wir hier in Breslau allmählich zu Zuständen im Butterhandel kommen, welche für andere Orte als vorbildlich gelten könnten.

Mit Rücksicht darauf, dass diese Polizei-Verordnung als Grundlage für anderwärts zu erlassende Verordnungen voraussichtlich benützt werden wird, möchten wir darauf aufmerksam machen, dass es sich empfiehlt, in § 6 zuzulassen, dass die Umhüllungen ausser der Bezeichnung »Kochbutter« bezw. »Tafelbutter« auch noch die Firma des Verkäufers enthalten dürfen.

Margarine.

Seitens des Königl. Polizei-Präsidii wurden während des Berichtsjahres 20 Proben Margarine eingeliefert. Die Wollny-Zahlen derselben bewegten sich von 0,8—2,0. Mithin enthielt keine dieser Proben mehr Butterfett, als durch das Gesetz über den Verkehr mit Ersatzmitteln von Butter gestattet ist.

Bei einigen der Proben verstiess die Verpackung gegen die giltigen gesetzlichen Vorschriften. Diese Verstösse sind in den meisten Fällen nur gering, wohl auch nur auf die mangelhafte Kenntniss der einschlägigen Verhältnisse zurückzuführen. Immerhin wäre es erwünscht, wenn die in Betracht kommenden Kreise die klaren Bestimmungen des genannten Gesetzes in einwandsfreier Weise zur Ausführung bringen würden.

Seit dem 1. October 1897 ist auch das neue Margarine-Gesetz vom 15. Juni 1897 in Kraft getreten. Die für uns wichtigste Bestimmung desselben ist die, dass der Margarine zu ihrer Kennzeichnung ein Zusatz von Sesamöl gemacht werden soll. — Diese Bestimmung hat kurze Zeit nach ihrem Inkrafttreten eine Flut von kritischen Mittheilungen hervorgerufen, welche das vorgeschriebene Kennzeichnungsmittel als mehr oder weniger ungeeignet erklärten. Ein Fachblatt stellte sich die Aufgabe, die Frage durch Versendung eines Fragebogens zur Klärung zu bringen.

In den eingegangenen Antworten überwogen diejenigen, welche an dem vorgeschriebenen Kennzeichnungsmittel eine ungünstige Kritik übten.

Zum Teil wurden sehr energische Abhilfs-Massregeln, so z. B. schleunige Aenderung des ganzen Gesetzes gefordert.

Wir haben uns damals dahin geäussert, dass uns der Zeitraum von 3—4 Monaten, innerhalb dessen die neuen Vorschriften zu Recht bestanden, viel zu kurz erscheine, um in eine ernsthafte Kritik einzutreten. Namentlich warnten wir davor, die Abänderung eines Gesetzes zu verlangen, bevor dasselbe noch gezeigt habe, was es in der Praxis zu leisten im Stande sei.

Unsere Bedenken sind durch den Verlauf der Angelegenheit gerechtfertigt worden. Nachdem die neuen Vorschriften aufgehört haben, ein Novum zu sein, hat sich die Kritik auch nicht mehr mit ihnen beschäftigt. Wir werden die praktischen Erfahrungen, welche wir in dieser Hinsicht gesammelt haben, in unserem nächsten Berichte mittheilen.

Bezüglich der Wirkung, welche das neue Gesetz auf den Verkehr mit Butter ausgeübt hat, hatten wir in unserem letzten Berichte die Ansicht ausgesprochen, dass die erlassenen Bestimmungen, insbesondere diejenige der Trennung der Verkaufsräume, in keiner Weise fördernd, vielmehr eher schädigend auf den Absatz der Butter einwirken würden. Diese Auffassung dürfte durch die inzwischen gemachten Erfahrungen sich als begründet herausgestellt haben. Wo die Frage »Butter oder Margarine« gestellt worden ist, hat der Regel nach die erstere der letzteren das Feld räumen müssen.

Uebrigens bricht sich auch unter den Landwirthen die Ueberzeugung Bahn, dass der Butterhandel auf breiter kaufmännischer Basis zu organisiren ist, wenn er auf die Dauer gewinnbringend werden soll. In Schlesien ist man endlich der Gründung milchwirthschaftlicher Genossenschaften näher getreten, welche praktisch diejenigen Ziele verfolgen sollen, die wir in unserem Berichte für 1894/95 S. 15 deutlich vorgezeichnet hatten.

Milch.

Im Ganzen wurden während des Berichtsjahres 597 Milchproben untersucht. Diese vertheilen sich wie folgt:

A. Im Auftrage des Königl. Polizei-Präsidii wurden eingeliefert

		(1896/97)
Vollmilch	426	(401)
Abgerahmte Milch	42	(27)
	468 Proben	(428)

Diese Vermehrung dürfte darauf zurückzuführen sein, dass während des Berichtsjahres die Eingemeindung zweier Vorstädte: Kleinburg und Pöpelwitz erfolgt ist.

Von den eingelieferten Proben wurden beanstandet: 11 Proben Vollmilch und 4 Proben abgerahmte Milch.

B. Im Auftrage anderer Behörden ging während des Berichtsjahres eine Milchprobe überhaupt nicht ein.

C. Von den dem Magistrat unterstellten Verwaltungen wurden 113 Milchproben (gegen 74 Proben im Vorjahre) eingeliefert. Diese Vermehrung rührt daher, dass während des Berichtsjahres die Einrichtung getroffen worden ist, dass auch die von der Armendirection angekaufte Milch regelmässig untersucht wird, worauf wir noch zurückkommen werden.

D. Durch Private wurde in 16 Fällen die Untersuchung von Milch beantragt, und zwar erstreckte sich die Fragestellung meist auf ganz bestimmte Gesichtspunkte.

Wir geben zunächst eine Zusammenstellung derjenigen Milchproben, welche im Auftrage der städtischen Behörden eingeliefert worden sind.

Zusammenstellung der im Auftrage des Magistrats untersuchten Milchproben.

Geschäftszeichen U. A.	Datum	Spezifisch. Gewicht bei 15° C.	Fett in Proc.	
				Hospital zu Allerheiligen.
462/97	7. 4. 97	1,0311	3,48	Morgen-Milch.
= =	= = =	1,0314	3,48	Mittag-Milch.
= =	= = =	1,0311	3,35	Abend-Milch.
663 =	11. 5. =	1,0318	2,8	Morgen-Milch.
= =	= = =	1,0317	3,2	Mittag-Milch.
= =	= = =	1,0319	3,08	Abend-Milch.
814 =	8. 6. =	1,0302	2,95	Morgen-Milch.
= =	= = =	1,0310	3,07	Mittag-Milch.
= =	= = =	1,0310	3,19	Abend-Milch.
1023 =	13. 7. =	1,0318	3,05	Morgen-Milch.
= =	= = =	1,0300	3,20	Mittag-Milch.
= =	= = =	1,0300	3,20	Abend-Milch.
1202 =	7. 8. =	1,0306	2,90	Morgen-Milch.
= =	= = =	1,0273	5,20	Mittag-Milch.
= =	= = =	1,0305	2,90	Abend-Milch.
1353 =	8. 9. =	1,0304	3,40	Morgen-Milch.
= =	= = =	1,0308	3,35	Mittag-Milch.
= =	= = =	1,0300	4,00	Abend-Milch.
1535 =	11. 10. =	1,0299	5,05	Morgen-Milch.
= =	= = =	1,0307	3,40	Mittag-Milch.
= =	= = =	1,0311	3,60	Abend-Milch.
1760 =	2. 11. =	1,0318	3,70	Morgen-Milch.
= =	= = =	1,0325	3,40	Mittag-Milch.
= =	= = =	1,0319	3,65	Abend-Milch.
1963 =	2. 12. =	1,0307	3,65	Morgen-Milch.
= =	= = =	1,0314	3,45	Mittag-Milch.
= =	= = =	1,0318	3,20	Abend-Milch.
2185 =	28. 12. =	1,0298	5,05	Morgen-Milch.
= =	= = =	1,0312	3,70	Mittag Milch.
= =	= = =	1,0314	3,75	Abend-Milch.
49/98	9. 1. 98	1,0304	4,35	Morgen-Milch.
= =	= = =	1,0317	3,50	Mittag-Milch.
= =	= = =	1,0317	2,90	Abend-Milch.

Geschäftszeichen U. A.	Datum	Spezifisch. Gewicht bei 15° C.	Fett in Proc.	
359/98	17. 2. 98	1,0308	3,30	Morgen-Milch.
= =	= = =	1,0312	3,40	Mittag-Milch.
= =	= = =	1,0316	3,95	Abend-Milch.
500 =	10. 3. =	1,0309	3,25	Morgen-Milch.
= =	= = =	1,0311	3,40	Mittag-Milch.
= =	= = =	1,0313	3,10	Abend-Milch.
				Arbeitshaus.
1504/97	5. 10. 97	1,0311	3,25	
				Armenhaus.
531/97	20. 4. 97	1,0309	3,15	
950 =	3. 7. =	1,0319	3,25	
1529 =	9. 10. =	1,0328	3,70	
22/98	6. 1. 98	1,0313	3,90	
				Claassen's sches Siechenhaus.
478/97	10. 4. 97	1,0308	3,50	
630 =	5. 5. =	1,0308	3,20	
795 =	4. 6. =	1,0317	3,40	
982 =	6. 7. =	1,0322	3,50	
1179 =	3. 8. =	1,0305	3,30	
1341 =	8. 9. =	1,0303	3,15	
1508 =	6. 10. =	1,0329	3,40	
1778 =	4. 11. =	1,0309	3,45	
1964 =	2. 12. =	1,0325	4,0	
14/98	5. 1. 98	1,0319	3,15	
221 =	2. 2. =	1,0318	3,80	
492 =	9. 3. =	1,0311	4,00	

Geschäfts-zeichen U. A.	Datum	Spezifisch. Gewicht bei 15°C.	Fett in Proc.	
Städtisches Irrenhaus.				
484/97	12. 4. 97	1,0310	3,20	
778 =	2. 6. =	1,0318	3,00	
962 =	5. 7. =	1,0316	2,70	Verwarnt
1181 =	2. 8. =	1,0314	3,45	
1336 =	4. 9. =	1,0294	3,50	
1505 =	5. 10. =	1,0322	3,35	
1764 =	4. 11. =	1,0317	3,65	
1958 =	3. 12. =	1,0319	3,10	
16/98	5. 1. 98	1,0314	3,10	
234 =	3. 2. =	1,0313	3,10	
485 =	8. 3. =	1,0316	2,90	
Genesungshaus zu Weidenhof.				
1067/97	17. 7. 97	1,0301	2,95	
1230 =	13. 8. =	1,0262	3,85	{ Spez. Gew. des
1360 =	9. 9. =	1,0278	3,30	{ Serum = 1,0263.
1548 =	13. 10. =	1,0307	3,60	
1848 =	13. 11. =	1,0331	4,05	

Geschäfts-zeichen U. A.	Datum	Spezifisch. Gewicht bei 15°C.	Fett in Proc.	
2046/97	10. 12. 97	1,0314	3,35	
62/98	10. 1. 98	1,0293	4,90	
238 =	4. 2. =	1,0310	3,10	
503 =	12. 3. =	1,0310	3,50	
Wenzel-Hancke'sches Krankenhaus.				
482/97	12. 4. 97	1,0319	3,10	
638 =	6. 5. =	1,0312	3,65	
793 =	3. 6. =	1,0334	2,60	Verwarnt.
980 =	5. 7. =	1,0317	3,80	
1188 =	4. 8. =	1,0278	5,60	
1335 =	4. 9. =	1,0307	3,10	
1511 =	6. 10. =	1,0325	3,60	
1781 =	4. 11. =	1,0312	3,40	
1979 =	4. 12. =	1,0320	3,10	
21/98	6. 1. 98	1,0306	3,45	
220 =	2. 2. =	1,0304	3,65	
491 =	9. 3. =	1,0310	3,30	

Als das Ergebniss dieser fortlaufenden Untersuchungen ist zu verzeichnen, dass die in den städtischen Anstalten verbrauchte Milch zu der besten gehört, welche überhaupt in der hiesigen Umgegend producirt und in Breslau consumirt wird. — Wenn in einzelnen Fällen der Fettgehalt einmal unter 3 Procent bleibt, so möchten wir solche Fälle eher auf die Mangelhaftigkeit der Probenahme zurückführen, denn es stehen ihnen etwa die gleiche Anzahl von Fällen gegenüber, in welchen der Fettgehalt ein so hoher ist, dass er nach unseren Erfahrungen gleichfalls nur durch nicht correcte Probenahme zu erklären ist.

Bei den vorstehend aufgenommenen Proben handelt es sich um regelmässige, umfangreiche Lieferungen, welche auf Grund fester Verträge zwischen den Producenten und den betr. Anstalten gemacht werden, und in der Beschaffenheit der Milch zeigt sich das ehrliche Bestreben der Lieferanten, die eingegangenen Verpflichtungen zu erfüllen, d. h. unverfälschte, gehaltreiche Milch zu liefern.

Ein wesentlich anderes Bild zeigt die nachfolgende Zusammenstellung:

Die Armenpflege der Stadt Breslau ist zur Zeit nach den Grundsätzen des sog. »Elberfelder Systems« organisirt. In Ausführung dieses Systemes wird u. A. durch die Vorsteher der Armenbezirke für Bedürftige, namentlich für Kinder, Milch angekauft und diesen übergeben. Seit Juli 1897 ist durch den Magistrat angeordnet worden, dass auch diese Milchproben einer Prüfung unterzogen werden sollen. — Es lag zunächst nicht die Absicht vor, etwa zu entdeckende Fälschungen dem Strafrichter zu überweisen, sondern die Verwaltung wollte in den einzelnen Bezirken vorerst die reellen Händler kennen lernen, um bei diesen ihren Bedarf zu decken. — Dass diese Controle nicht überflüssig war, lehrt die folgende Zusammenstellung.

Die von der Armen-Direction übergebenen Milchproben.

Geschäfts-zeichen U. A.	Datum	Spec. Gew. bei 15° C.	Fett in Proc.		Geschäfts-zeichen U. A.	Datum	Spec. Gew. bei 15° C.	Fett in Proc.
1012/97	14. 7. 97	1,0329	2,45	Entrahmt.	1959/97	3. 12. 97	1,0323	3,05
585/98	25. 3. 98	1,0316	2,50	desgl.	73/98	12. 1. 98	1,0322	3,10
595/98	26. 3. 98	1,0332	2,50	desgl.	1648/97	21. 10. 97	1,0333	3,20
190/98	26. 1. 98	1,0273	2,66	Gewässert.	1938/97	29. 11. 97	1,0327	3,25
245/98	7. 2. 98	1,0328	2,80	Entrahmt.	1953/97	3. 12. 97	1,0328	3,35
622/98	30. 3. 98	1,0325	2,80		1826/97	10. 11. 97	1,0325	3,70
1440/97	21. 9. 97	1,0326	2,70	Entrahmt.	585/98	25. 3. 98	1,0317	3,75
1728/97	30. 10. 97	1,0346	2,90		1946/97	27. 11. 97	1,0340	3,90
1721/97	29. 10. 97	1,0330	2,95		1719/97	29. 10. 97	1,0326	4,45
1983/97	6. 12. 97	1,0334	2,95		1718/97	29. 10. 97	1,0321	6,45
578/98	25. 3. 98	1,0314	2,95					

Unter den vorstehenden 21 Proben befinden sich 5 (= 24 Procent) mit einem Fettgehalt unter 2,8 Proc. — Das Ergebniss dieser Untersuchungsreihe ist also noch ungünstiger als dasjenige der polizeilichen Einkäufe. Allerdings ist die Zahl der eingelieferten Proben eine verhältnissmässig geringe, andererseits ist zu beachten, dass diese Ankäufe durch nicht uniformirte Käufer erfolgen, dass sie also nach dieser Richtung ein wesentlich zuverlässigeres Bild über den Verkehr mit Milch geben würden, wenn die Versuchsreihe eine grössere wäre.

Durch das Königl. Polizei-Präsidium eingelieferte Milchproben, bei welchen die Vorprüfung zu einer Beanstandung nicht führte. Nach dem Fettgehalt geordnet.

Laufende Nummer	Geschäfts-zeichen U. A.	Datum	Spec. Gewicht bei 15° C.	Fett-gehalt in Procenten	Laufende Nummer	Geschäfts-zeichen U. A.	Datum	Spec. Gewicht bei 15° C.	Fett-gehalt in Procenten
		1897.			21.	2030/97	8. 12. 97	1,0339	2,70
					22.	472 =	9. 4. =	1,0328	2,75
1.	664/97	12. 5. 97	1,0332	2,40	23.	620 =	5. 5. =	1,0324	2,75
2.	948 =	2. 7. =	1,0310	2,40	24.	720 =	21. 5. =	1,0324	2,75
3.	1989 =	6. 12. =	1,0319	2,40	25.	1268 =	18. 8. =	1,0302	2,75
4.	2080 =	15. 12. =	1,0334	2,40	26.	1737 =	1. 11. =	1,0311	2,75
5.	2081 =	15. 12. =	1,0332	2.40	27.	1931 =	26. 11. =	1,0313	2,75
6.	566 =	28. 4. =	1,0316	2,43	28.	727 =	22. 5. =	1,0308	2,80
7.	551 =	26. 4. =	1,0318	2,50	29.	783 =	3. 6. =	1,0314	2,80
8.	1318 =	31. 8. =	1,0308	2,50	30.	1028 =	13. 7. =	1,0325	2,80
9.	977 =	5. 7. =	1,0323	2,55	31.	1046 =	15. 7. =	1,0297	2,80
10.	1133 .	27. 7. =	1,0314	2,55	32.	1095 =	24. 7. =	1,0293	2,80
11.	1423 =	18. 9. =	1,0323[1])	2,60	33.	1129 =	26. 7. =	1,0323	2,80
12.	2178 =	24. 12. =	1,0336	2,60	34.	1270 =	18. 8. =	1,0298	2,80
13.	567 =	28. 4. =	1,0319	2,63	35.	1618 =	18. 10. =	1,0326	2,80
14.	628 =	5. 5. =	1,0318	2,63	36.	1828 =	10. 11. =	1,0339	2,80
15.	804 =	4. 6. =	1,0328	2,65	37.	2019 =	8. 12. =	1,0330	2,80
16.	1317 =	31. 8. =	1,0300	2,65	38.	2091 =	16. 12. =	1,0337	2,80
17.	1679 =	26. 10. =	1,0341	2,65	39.	1254 =	16. 8. =	1,0296	2,85
18.	487 =	13. 4. =	1,0329	2,70	40.	1277 =	18. 8. =	1,0301	2,85
19.	879 =	17. 6. =	1,0313	2,70	41.	1786 =	4. 11. =	1,0355	2,85
20.	978 =	5. 7. =	1,0324	2,70	42.	642 =	7. 5. =	1,0310	2,90

[1]) Spec. Gew. des Serums = 1,0280.

Laufende Nummer	Geschäftszeichen U. A.	Datum	Spec. Gewicht bei 15° C.	Fettgehalt in Procenten	Laufende Nummer	Geschäftszeichen U. A.	Datum	Spec. Gewicht bei 15° C.	Fettgehalt in Procenten
43.	730/97	24. 5. 97	1,0319	2,90	98.	719,97	21. 5. 97	1,0328	3,13
44.	507 =	15. 4. =	1,0326	2,90	99.	1177 =	3. 8. =	1,0310	3,15
45.	541 =	23. 4. =	1,0306	2,90	100.	1266 =	17. 8. =	1,0295	3,15
46.	636 =	6. 5. =	1,0301	2,90	101	1388 =	14. 9. =	1,0297	3,15
47.	669 =	13. 5. =	1,0332	2,90	102.	1554 =	13. 10. =	1,0328	3,15
48.	698 =	18. 5. =	1,0322	2,90	103.	1598 =	15. 10. =	1,0336	3,15
49.	864 =	15. 6. =	1,0325	2,90	104.	552 =	26. 4. =	1,0314	3,18
50.	883 =	18. 6 =	1,0316	2,90	105.	1309 =	28. 8. =	1,0303	3,18
51.	1140 =	27. 7. =	1,0305	2,90	106.	635 =	6. 5. =	1,0317	3,20
52.	1196 =	6. 8. =	1,0342	2,90	107.	744 =	26. 5. =	1,0311	3,20
53.	1198 =	6. 8. =	1,0304	2,90	108.	838 =	11. 6. =	1,0324	3,20
54.	1416 =	17. 9. =	1,0298[1])	2,90	109.	869 =	16. 6. =	1,0303	3,20
55.	1616 =	18. 10. =	1,0320	2,90	110.	927 =	28. 6. =	1,0304	3,20
56.	2109 =	18. 12. =	1,0336	2,90	111.	954 =	3. 7. =	1,0306	3,20
57.	2117 =	20. 12. =	1,0319	2,90	112.	1021 =	12. 7. =	1,0293	3,20
58.	1368 =	10. 9. =	1,0307	2,93	113.	1141 =	27. 7. =	1,0315	3,20
59.	573 =	29. 4. =	1,0290	2,95	114.	1265 =	17. 8. =	1,0308	3,20
60.	726 =	22. 5. =	1,0315	2,95	115.	1533 =	11. 10. =	1,0324	3,20
61.	882 =	18. 6. =	1,0322	2,95	116	2159 =	22. 12. =	1,0316	3,20
62.	1208 =	9. 8. =	1,0310	2,95	117.	508 =	15. 4. =	1,0320	3,25
63.	1218 =	11. 8. =	1,0305	2,95	118	731 =	24. 5. =	1,0304	3,25
64.	1553 =	13. 10. =	1,0323	2,95	119.	992 =	6. 7. =	1,0297	3,25
65.	1861 =	15. 11. =	1,0319	2,95	120.	1045 =	15. 7. =	1,0302	3,25
66.	1881 =	16. 11. =	1,0352	2,95	121.	1080 =	21. 7. =	1,0326	3,25
67.	452 =	3. 4. =	1,0319	3,00	122.	1461 =	28. 9. =	1,0301	3,25
68.	657 =	11. 5. =	1,0311	3,00	123.	1524 =	9. 10. =	1,0319	3,25
69.	660 =	11. 5. =	1,0305	3,00	124.	1551 =	13. 10. =	1,0322	3,25
70.	743 =	26. 5. =	1,0319	3,00	125.	1878 =	16. 11. =	1,0313	3,25
71.	524 =	17. 4. =	1,0328	3,00	126.	510 =	15. 4. =	1,0307	3,28
72	1069 =	17. 7. =	1,0301	3,00	127.	621 =	5. 5. =	1,0306	3,28
73.	1333 =	4. 9. =	1,0302	3,00	128.	722 =	21. 5. =	1,0297	3,28
74.	1417 =	17. 9. =	1,0325	3,00	129.	863 =	15. 6. =	1,0322	3,28
75.	1430 =	20. 9. =	1,0327	3,00	130.	529 =	17. 4. =	1,0335	3,30
76.	1431 =	20. 9. =	1,0306	3,00	131.	920 =	28. 6. =	1,0326	3,30
77.	1707 =	28 10. =	1,0329	3,00	132.	1013 =	10. 7. =	1,0318	3,30[4])
78.	2020 =	8. 12. =	1,0320	3,00	133.	1044 =	15. 7. =	1,0289	3,30
79.	2031 =	8. 12. =	1,0325	3,00	134.	1170 =	3. 8. =	1,0280[3])	3,30
80.	2101 =	17. 12. =	1,0319	3,00	135.	1390 =	14. 9. =	1,0315	3,30
81.	572 =	29. 4. =	1,0307	3,05	136.	1521 =	8. 10. =	1,0326	3,30
82.	1036 =	15. 7. =	1.0308	3,05	137.	1546 =	13. 10. =	1,0338	3,30
83.	1130 =	26. 7. =	1,0306	3,05	138.	1572 =	14. 10. =	1,0322	3,30
84.	1201 =	7. 8. =	1,0301	3,05	139.	1649 =	22. 10. =	1,0323	3,30
85.	1255 =	16. 8. =	1,0290	3,05	140.	2059 =	11. 12. =	1,0342	3,30
86.	1269 =	18. 8. =	1,0302	3,05	141.	2160 =	22. 12. =	1,0331	3,30
87.	1387 =	14. 9. =	1,0289[2])	3,05	142.	580 =	30. 4. =	1,0298	3,35
88.	1825 =	9. 11. =	1,0322	3,05	143.	616 =	4. 5. =	1,0322	3,35
89.	1877 =	16. 11. =	1,0310	3,05	144.	999 =	7. 7. =	1,0318	3,35
90.	617 =	4. 5. =	1,0322	3,08	145.	1014 =	10. 7. =	1,0305	3,35
91.	467 =	8. 4. =	1,0321	3,10	146.	1224 =	11. 8. =	1,0303	3,35
92.	852 =	14. 6. =	1,0300	3,10	147.	1406 =	16. 9. =	1,0325	3,35
93.	878 =	17. 6. =	1,0310	3,10	148.	1407 =	16. 9. =	1,0323	3,35
94.	928 =	28. 6. =	1,0301	3,10	149.	1559 =	13. 10. =	1,0309	3,35
95.	1240 =	14. 8 =	1,0293	3,10	150.	1672 =	25. 10. =	1,0334	3,35
96.	1460 =	28. 9. =	1,0302	3,10	151.	1740 =	1. 11. =	1,0319	3,35
97.	1739 =	1. 11. =	1,0330	3,10	152.	494 =	14. 4. =	1,0308	3,38

[1]) Spec. Gewicht des Serums = 1,0260. Verwarnt.
[2]) Spec. Gewicht des Serums = 1,0264.
[3]) Spec. Gewicht des Serums = 1,0262.
[4]) Als „abgerahmte Milch" eingeliefert.

Laufende Nummer	Geschäfts-zeichen U. A.	Datum	Spec. Gewicht bei 15° C.	Fett-gehalt in Procenten	Laufende Nummer	Geschäfts-zeichen U. A.	Datum	Spec. Gewicht bei 15° C.	Fett-gehalt in Procenten
153.	697/97	18. 5. 97	1,0311	3,38	209.	1927/97	25. 11. 97	1,0321	3,60
154.	1435 =	21. 9. =	1,0334	3,38	210.	1928 =	25. 11. =	1,0317	3,60
155.	451 =	3. 4. =	1,0322	3,40	211.	710 =	20. 5. =	1,0298	3,65
156.	502 =	14. 4. =	1,0329	3,40	212.	1015 =	10. 7. =	1,0318	3,65
157.	550 =	26. 4. =	1,0317	3,40	213.	1889 =	18. 11. =	1,0320	3,65
158.	829 =	10. 6. =	1,0309	3,40	214.	2037 =	9. 12. =	1,0318	3,65
159.	842 =	11. 6. =	1,0308	3,40	215.	579 =	30. 4. =	1,0305	3,68
160.	1053 =	16. 7. =	1,0310	3,40	216.	701 =	19. 5. =	1,0311	3,68
161.	1054 =	16. 7. =	1,0304	3,40	217.	665 =	12. 5. =	1,0323	3,70
162.	1085 =	22. 7. =	1,0313	3,40	218.	792 =	3. 6. =	1,0307	3,70
163.	1223 =	11. 8. =	1,0299	3,40	219.	811 =	8. 6. =	1,0314	3,70
164.	1223 =	11. 8. =	1,0299	3,40	220.	812 =	8. 6. =	1,0301	3,70
165.	1367 =	10. 9. =	1,0310	3,40	221.	921 =	28. 6. =	1,0326	3,70
166.	1525 =	9. 10. =	1,0315	3,40	222.	994 =	6. 7. =	1,0305	3,70
167.	1534 =	11. 10. =	1,0327	3,40	223	1068 =	17. 7. =	1,0294	3,70
168.	1540 =	12. 10. =	1,0327	3,40	224.	1314 =	30. 8. =	1,0287	3,70
169.	1541 =	12. 10. =	1,0313	3,40	225.	1520 =	8. 10. =	1,0319	3,70
170.	1573 =	14. 10. =	1,0344	3,40	226.	1693 =	27. 10. =	1,0314	3,70
171.	1599 =	15. 10. =	1,0331	3,40	227.	1800 =	4. 11. =	1,0338	3,70
172.	1632 =	19. 10. =	1,0341	3,40	228	2170 =	23. 12. =	1,0321	3,70
173.	1715 =	29. 10. =	1,0325	3,40	229.	2171 =	23. 12. =	1,0333	3,70
174.	1784 =	4. 11. =	1,0328	3,40	230.	715 =	20. 5. =	1,0296	3,73
175.	2095 =	16. 12. =	1,0325	3,40	231.	1313 =	30. 8. =	1,0285	3,75
176.	468 =	8. 4. =	1,0318	3,43	232	1413 =	17. 9. =	1,0306	3,75
177.	837 =	11. 6. =	1,0315	3,43	233.	1995 =	7. 12. =	1,0325	3,75
178.	802 =	4. 6. =	1,0307	3,45	234.	709 =	20. 5. =	1,0312	3,78
179.	1258 =	16. 8. =	1,0279	3,45	235.	723 =	25. 5. =	1,0322	3,78
180.	1328 =	3. 9. =	—[1])	3,45	236.	756 =	28. 5. =	1,0309	3,78
181.	1700 =	28. 10. =	1,0326	3,45	237.	841 =	11. 6. =	1,0296	3,78
182.	1726 =	30. 10. =	1,0327	3,45	238.	441 =	2. 4. =	1,0304	3,80
183.	1738 =	1. 11. =	1,0338	3,45	239	523 =	17. 4. =	1,0319	3,80
184.	1783 =	4. 11. =	1,0337	3,45	240.	1334 =	4. 9. =	1,0286	3,80
185.	2038 =	9. 12. =	1,0326	3,45	241.	1424 =	18. 9. =	1,0321	3,80
186.	862 =	15. 6. =	1,0317	3,48	242.	1644 =	21. 10. =	1,0324	3,80
187.	549 =	26. 4. =	1,0331	3,50	243.	1650 =	22. 10. =	1,0328	3,80
188.	815 =	9. 6. =	1,0305	3,50	244.	1909 =	23. 11. =	1,0327	3,80
189.	995 =	6. 7. =	1,0306	3,50	245.	1609 =	16. 10. =	1,0330	3,85
190.	1252 =	16. 8. =	1,0288	3,50	246.	1932 =	26. 11. =	1,0319	3,85
191.	1574 =	14. 10. =	1,0318	3,50	247.	2060 =	11. 12. =	1,0332	3,85
192.	1631 =	19. 10. =	1,0341	3,50	248.	2094 =	16. 12. =	1,0324	3,85
193.	1701 =	28. 10. =	1,0328	3,50	249.	758 =	28. 5. =	1,0316	3,90
194.	1811 =	5. 11. =	1,0338	3,50	250	908 =	24. 6. =	1,0315	3,90
195.	801 =	4. 6. =	1,0319	3,52	251.	1027 =	13. 7. =	1,0317	3,90
196.	473 =	9. 4. =	1,0331	3,55	252.	1039 =	15. 7. =	1,0298	3,90
197.	493 =	14. 4. =	1,0318	3,55	253.	1310 =	28. 8. =	1,0291	3,90
198.	1547 =	13. 10. =	1,0321	3,55	254.	1645 =	21. 10. =	1,0325	3,90
199.	1727 =	30. 10. =	1,0326	3,55	255.	1855 =	15. 11. =	1,0320	3,90
200.	2007 =	7. 12. =	1,0322	3,55	256.	1914 =	24. 11. =	1,0321	3,90
201.	2035 =	9. 12. =	1,0322	3,55	257.	1935 =	27. 11. =	1,0325	3,95
202.	2102 =	17. 12. =	1,0310	3,55	258.	1197 =	6. 8. =	1,0295	3,98
203.	1495 =	4. 10. =	1,0326	3,58	259.	688 =	15. 5. =	1,0321	4,00
204.	1251 =	16. 8. =	1,0302	3,60	260.	1094 =	24. 7. =	1,0292	4,00
205.	1329 =	3. 9. =	—[2])	3,60	261.	1714 =	29. 10. =	1,0337	4,00
206.	1678 =	26. 10. =	1,0317	3,60	262.	2069 =	13 12. =	1,0316	4,00
207.	1694 =	27. 10. =	1,0314	3,60	263.	907 =	24. 6. =	1,0318	4,05
208.	1708 =	28. 10. =	1,0326	3,60	264.	1613 =	18. 10. =	1,0335	4,05

[1]) Spec. Gewicht des Serums = 1,0270.
[2]) Spec. Gewicht des Serums = 1,0275.

3*

Laufende Nummer	Geschäftszeichen U. A.	Datum	Spec. Gewicht bei 15° C.	Fettgehalt in Procenten
265.	702/97	19. 5. 97	1,0314	4,08
266.	816 =	9. 6. =	1,0316	4,10
267.	1134 =	27. 7. =	1,0296	4,10
268.	1597 =	15. 10. =	1,0314	4,10
269.	1259 =	16. 8. =	1,0280	4,15
270.	1577 =	14. 10. =	1,0334	4,20
271.	525 =	17. 4. =	1,0300	4,25
272.	1253 =	16. 8. =	1,0279	4,25
273	542 =	23. 4. =	1,0316	4,30
274.	644 =	7. 5. =	1,0317	4,30
275.	1414 =	17. 9. =	1,0302	4,30
276.	1415 =	17. 9. =	1,0313	4,30
277.	1608 =	16. 10. =	1,0304	4,35
278.	849 =	12. 6. =	1,0298	4,40
279.	830 =	10. 6. =	1,0307	4,45
280.	1241 =	14. 8. =	1,0280	4,45
281.	2055 =	10. 12. =	1,0324	4,45
282.	678 =	14. 5. =	1,0301	4,48
283.	1671 =	25. 10. =	1,0320	4,50
284.	993 =	6. 7. =	1,0291	4,55
285.	658 =	11. 5. =	1,0316	4,60
286.	1342 =	6. 9. =	1,0271[1])	4,60
287.	1398 =	14. 9. =	1,0294	4,65
288.	1791 =	4. 11. =	1,0329	4,75
289.	490 =	14. 4. =	1,0310	4,78
290.	1272 =	18. 8. =	1,0285	4,80
291.	1453 =	25. 9. =	1,0310	4,80
292.	1566 =	13. 10. =	1,0319	4,85
293.	687 =	15. 5. =	1,0284	4,90
294.	996 =	6. 7. =	1,0308	4,90
295.	1617 =	18. 10. =	1,0321	4,90
296.	1799 =	4. 11. =	1,0313	5,00
297.	2110 =	18. 12. =	1,0297	5,00
298.	1037 =	15. 7. =	1,0278	5,05
299.	1452 =	25. 9. =	1,0285	5,05
300.	800 =	4. 6. =	1,0285	5,57
301.	1366 =	10. 9. =	1,0284	5,80
302.	501 =	14. 4. =	1,0297	6,03
303.	2063 =	11. 12. =	1,0273	6,75
304.	1888 =	18. 11. =	1,0291	7,10
305.	1936 =	27. 11. =	1,0302	7,15
306.	645 =	7. 5. =	1,0257	7,45
307.	1285 =	20. 8. =	1,0265	7,55
308.	2090 =	16. 12. =	1,0300	7,70
309.	1081 =	21. 7. =	1,0256	7,90
310.	2172 =	23. 12. =	1,0289	8,00
311.	1575 =	14. 10 =	1,0318	8,20
312.	2036 =	9. 12. =	1,0272	8,80
313.	509 =	15. 4. =	1,0270	9,01
314.	935 =	29. 6. =	1,0246[2])	10,2

1898.

Laufende Nummer	Geschäftszeichen U. A.	Datum	Spec. Gewicht bei 15° C.	Fettgehalt in Procenten
315.	226/98	3. 2. 98	1,0328	2,50
316.	115 =	14. 1. =	1,0325	2,65
317.	144 =	18. 1. =	1,0329	2,70

Laufende Nummer	Geschäftszeichen U. A.	Datum	Spec. Gewicht bei 15° C.	Fettgehalt in Procenten
318.	159/98	22. 1. 98	1,0337	2,70
319.	591 =	26. 3. =	1,0322	2,75
320.	608 =	29. 3. =	1,0322	2,75
321.	134 =	17. 1. =	1,0310	2,80
322.	298 =	14. 2. =	1,0311	2,80
323.	618 =	30. 3. =	1,0316	2,80
324.	43 =	8. 1. =	—	2,90
325.	157 =	21. 1. =	1,0325	2,90
326.	513 =	12. 3. =	1,0320	2,90
327.	609 =	29. 3. =	1,0316	2,90
328.	227 =	3. 2. =	1,0306	3,00
329.	96 =	13. 1. =	1,0318	3,05
330.	98 =	13. 1. =	1,0329	3,10
331.	276 =	10. 2. =	1,0324	3,10
332.	405 =	26. 2. =	1,0315	3,10
333.	615 =	30. 3. =	1,0345	3,10
334.	111 =	14. 1. =	1,0334	3,15
335.	524 =	14. 3. =	1,0326	3,15
336.	52 =	10. 1. =	1,0321	3,20
337.	383 =	23. 2. =	1,0317	3,20
338.	476 =	7. 3. =	1,0344	3,20
339.	507 =	11. 3. =	1,0308	3,20
340.	508 =	11. 3. =	1,0339	3,20
341.	294 =	12. 2. =	1,0310	3,25
342.	86 =	12. 1. =	1,0320	3,30
343.	116 =	14. 1. =	1,0295	3,30
344.	133 =	17. 1. =	1,0318	3,30
345.	175 =	24. 1. =	1,0315	3,30
346.	287 =	11. 2. =	1,0353	3,30
347.	477 =	7. 3. =	1,0319	3,30
348.	262 =	10. 2. =	1,0304	3,35
349.	95 =	13. 1. =	1,0317	3,40
350.	156 =	21. 1. =	1,0337	3,40
351.	201 =	29. 1. =	1,0323	3,40
352.	304 =	14. 2. =	1,0319	3,40
353.	430 =	2. 3. =	1,0310	3,40
354.	541 =	16. 3. =	1,0314	3,40
355.	160 =	22. 1. =	1,0315	3,45
356.	311 =	15. 2. =	1,0329	3,45
357.	84 =	12. 1. =	1,0331	3,50
358.	312 =	15. 2. =	1,0314	3,50
359.	372 =	19. 2. =	1,0310	3,50
360.	391 =	24. 2. =	1,0313	3,50
361.	41 =	8. 1. =	1,0313	3,60
362.	67 =	11. 1. =	1,0316	3,60
363.	200 =	29. 1. =	1,0338	3,60
364.	313 =	15. 2. =	1,0312	3,60
365.	583 =	25. 3. =	1,0326	3,60
366.	305 =	14. 2. =	1,0325	3,65
367.	390 =	24. 2. =	1,0304	3,65
368.	520 =	14. 3. =	1,0306	3,65
369.	521 =	14. 3. =	1,0331	3,65
370.	47 =	10. 1. =	1,0323	3,70
371.	53 =	10. 1. =	1,0328	3,70
372.	277 =	10. 2. =	1,0336	3,70
373.	371 =	19. 2. =	1,0298	3,70
374.	592 =	26. 3. =	1,0335	3,75

[1]) Spec. Gewicht des Serums = 1,0268.
[2]) Spec. Gewicht des Serums = 1,0269.

Laufende Nummer	Geschäftszeichen U. A.	Datum	Spec. Gewicht bei 15º C.	Fettgehalt in Procenten	Laufende Nummer	Geschäftszeichen U. A.	Datum	Spec. Gewicht bei 15º C.	Fettgehalt in Procenten
375.	83/98	12. 1. 98	1,0321	3,85	384.	529/98	14. 3. 98	1,0313	5,10
376.	44 =	8. 1. =	1,0287	4,00	385.	259 =	10. 2. =	1,0300	5,20
377.	584 =	25. 3. =	1,0311	4,00	386.	261 =	10. 2. =	1,0301	5,20
378.	48 =	10. 1. =	1,0320	4,15	387.	310 =	15. 2. =	1,0314	5,30
379.	300 =	14. 2. =	1,0310	4,20	388.	42 =	8. 1. =	1,0291	5,85
380.	66 =	11. 1. =	1,0297	4,35	389	455 =	3. 3. =	1,0320	6,25
381.	295 =	12. 2. =	1,0286	4,65	390.	173 =	24. 1. =	1,0308	6,45
382.	127 =	15. 1. =	1,0321	4,70	391	261 =	10. 2. =	1,0269	9,20
383.	456 =	3. 3. =	1,0303	4,70					

Die vorstehende Tabelle umfasst 391 Milchproben. Diese vertheilen sich nach dem Fettgehalte wie folgt:

1896/97

6	Proben Milch mit	2,40— 2,45	Fettgehalt	=	1,5	Proc.	(1,7	Proc.)
5	= = =	2,50— 2,55	=	=	1,3	=	(2,3	=)
8	= = =	2,60— 2,65	=	=	2,0	=	(4,1	=)
14	= = =	2,70— 2,75	=	=	3,6	=	(3,4	=)
17	= = =	2,80— 2,85	=	=	4,3	=	(4,6	=)
29	= = =	2,90— 2,95	=	=	7,5	=	(6,7	=)
246	= = =	3,0 — 4,0	=	=	62,9	=	(56,8	=)
41	= = =	4,05— 5,0	=	=	10,5	=	(12,5	=)
9	= = =	5,0 — 6,0	=	=	2,4	=	(5,1	=)
16	= = =	6,05 — 10,2	=	=	4,0	=	(3,0	=)

Demnach sind die Verhältnisse, betreffend den Verkehr mit Milch in hiesiger Stadt, etwa die nämlichen geblieben wie im Vorjahre.

Wir lassen nunmehr diejenigen Milchproben folgen, bei denen im Anschluss an die Vorprüfung eine eingehende Untersuchung ausgeführt wurde:

Milchproben, welche einer näheren Untersuchung unterzogen wurden.

Geschäftszeichen U. A.	Datum	Auftraggeber	Spec. Gewicht bei 15º C.	Trockenrückstand in Procenten	Fett in Procenten Gewicht analytisch	Fett in Procenten nach Gerber	Asche in Procenten	Spec. Gewicht des Serums	Bemerkungen
486/97	13. 4. 97	Pol.-Pr.	1,0324	10,50	1,80	2,00	0,73	1,0266	Theilweise entrahmt.
491 =	14. 4. =	= =	—	10,74	1,79	1,85	0,74	1,0283	desgl.
558 =	26. 4. =	Priv.-P.	—	10,13	2,88	2,93	0,61	1,0233	16 Proc. Wasserzusatz.
564 =	27. 4. =	= =	—	10,58	2,50	2,55	0,65	1,0266	Theilweise entrahmt.
564 =	27. 4. =	= =	—	11,32	2,80	—	0,67	1,0277	
652 =	8. 5. =	= =	1,0303	—	—	2,74	—	—	
652 =	8. 5. =	= =	1,0299	—	—	3,60	—	—	Stallprobe zu voriger Probe
653 =	10. 5. =	Pol.-Pr.	1,0343	10,67	1,53	1,63	0,76	1,0285	Theilweise entrahmt.
670 =	13. 5. =	= =	1,0288	10,85	2,77	2,95	0,67	1,0253	7 Proc. Wasserzusatz.
716 =	20. 5. =	= =	1,0294	10,06	2,14	2,20	0,73	1,0255	5 Proc. Wasserzusatz.
942 =	1. 7. =	Priv.-P.	1,0165	6,56	2,23	—	—	1,0131	48 Proc. Wasserzusatz.
1012 =	14. 7. =	Arm.-D	1,0329	11,31	2,44	2,55	—	1,0265	Theilweise entrahmt.
1086 =	22. 7. =	Pol.-Pr.	1,0308	10,41	2,14	2,15	0,70	1,0263	desgl.

Geschäfts-zeichen U. A.	Datum	Auf-trag-geber	Spec. Gewicht bei 15° C.	Trocken-rückstand in Procenten	Fett in Procenten		Asche in Procenten	Spec. Gewicht des Serums	Bemerkungen
					Gewicht analytisch	nach Gerber			
1271/97	18. 8. 97	Pol.-Pr.	1,0272	8,50	1,35	1,30	0,58	1,0229	15 Proc. Wasserzusatz.
1276 =	18. 8. =	= =	1,0275	8,71	1,33	1,30	0,60	1,0232	14 Proc. Wasserzusatz.
1343 =	6. 9. =	= =	1,0280	10,11	2,23	2,28	0,61	1,0244	10 Proc. Wasserzusatz.
1284 =	20. 8. =	Priv.-P.	1,0268	10,67	2,97	—	0,66	1,0248	8 Proc. Wasserzusatz.
1373 =	10. 9. =	= =	1,0282	11,02	3,07	3,20	0,54	1,0245	10 Proc. Wasserzusatz.
1373 =	18. 10. =	= =	1,0329	12,07	3,06	—	0,75	1,0290	Stallprobe zu den beiden vorigen.
1602 =	15. 10. =	Pol.-Pr.	1,0335	10,95	2,03	2,20	0,74	1,0275	Theilweise entrahmt.
2054 =	10. 12. =	= =	1,0337	10,51	1,66	1,85	0.72	1,0273	desgl.
286/98	11. 2. 98	= =	1,0362	11,48	2,00	—	0,72	1,0290	desgl.
467 =	4. 3. =	= =	1,0291	7,84	0,55	—	0,65	1,0233	14 Proc. Wasserzusatz. [1]
593 =	26. 3. =	= =	1,0309	8,39	0,63	0,65	0,64	1,0246	10 Proc. Wasserzusatz. [1]
616 =	30. 3. =	= =	1,0320	10,75	2,28	2,45	0,65	1,0272	Theilweise entrahmt.

Eine Regelung des Verkehrs mit Milch durch Erlass einer zeitgemässen Polizei-Verordnung ist zwar im Berichtsjahre nicht erfolgt, indessen steht dieselbe in sicherer Aussicht.

Durch die Versendung unseres Fragebogens sind wir in den Besitz der für den Verkehr mit Nahrungsmitteln erlassenen Verordnungen aus wohl allen deutschen Städten gelangt und haben daraus ersehen, dass eine ganze Reihe von Städten durch mehr oder weniger zweckmässige örtliche Verordnungen sich gegen Unredlichkeiten im Milchhandel zu schützen verstehen. — Dieses Material ist dem Königlichen Polizei-Präsidium übergeben worden als Grundlage für eine zu schaffende neue Verordnung.

Da die Frage der Controle des Verkehrs mit Milch allgemeines Interesse hat, welches dadurch zum Ausdruck kommt, dass wir sehr häufig Anfragen erhalten, welcher Minimal-Fettgehalt für Milch in Breslau und anderen Städten gefordert wird, so sollen aus unserem statistischen Material die von den einzelnen Städten durch rechts-giltige Verordnung gestellten Forderungen an dieser Stelle veröffentlicht werden.

Es fordern durch rechtsgiltige Verordnung folgenden Minimalgehalt der Milch an Fett bezw. Trockenrückstand

	Fett	Tr.-R.		Fett	T.-R.		Fett	T.-R.
Aachen . . .	2,7	10,5	M.-Gladbach.	2,7	10,9	Mainz . . .	2,8	—
Barmen. . .	2,7	—	Gnesen . . .	2,7	—	Meerane i. S.	3,0	—
Bielefeld . .	3,0	11,5	Görlitz . . .	2,7	11,0	Meissen. . .	3,0	—
Coblenz. . .	2,6	—	Gotha . . .	2,5	11,0	München . .	3,0	—
Dessau . . .	3,0	—	Grabow. . .	2,7	—	Nordhausen .	2,7	—
Dresden. . .	3,0	—	Hamburg . .	2,7	—	Offenbach . .	3,0	—
Düren . . .	2,5—3,0[2]	—	Hannover . .	2,7	—	Plauen . . .	3,0	—
Düsseldorf .	2,7	11,0	Kaiserslautern	3,3	12,0	Potsdam . .	2,7	—
Eberswalde .	2,5	—	Kolberg. . .	2,7	—	Worms . . .	2,8	—
Erfurt . . .	2,8	11,5	Leipzig . . .	3,0	—	Wurzen. . .	3,0	—
Elberfeld . .	2,7	—	Lübeck . . .	2,5	11,0	Zwickau . .	3,0	—

[1] Als „ganz abgerahmte Milch" bezeichnet.

[2] Die betreffende Verordnung ist nicht ganz klar gefasst.

Wein, weinähnliche Getränke.

Von Wein und weinähnlichen Getränken wurden während des Berichtsjahres im Ganzen 21 Proben eingeliefert und zwar:

Von dem Königl. Polizei-Präsidium . . . . . 3 Proben
Von Gerichten und anderen Behörden. . . . 15 „
Von Privaten . . . . 3 „

Wir berichten über diejenigen Fälle, von denen sich annehmen lässt, dass sie ein gewisses Interesse für weitere Kreise haben.

A. Völlig vergohrene deutsche Weine.

U. A. 1215/97. In einer Strafsache waren von einem auswärtigen Gericht drei Flaschen Moselwein eingeliefert worden, welche zum Theil vorher schon von anderen Gutachtern untersucht worden waren. Eine der Proben hatte u. a. vorher schon der Beurtheilung durch das hygienische Institut in Hamburg unterlegen. Die zu beantwortende Frage lautete dahin festzustellen, ob die Weine über das gesetzlich zulässige Maass hinaus gallisirt seien.

Die auszuführenden Bestimmungen wurden auf das nothwendige Maass beschränkt, im Uebrigen genau nach den Vorschriften des Bundesrathes erledigt. Wir fügen die im Hamburger hygienischen Institute, sowie die von einem dritten Sachverständigen ausgeführten Bestimmungen bei und bemerken, dass diese drei Bestimmungen sich auf die nämliche, hier als I bezeichnete Probe beziehen.

	I.			II.	III.
	Hygienisches Institut Hamburg	Ungenannter Sach-verständiger	Unter-suchungsamt Breslau		
Spec. Gewicht.	0,9911	—	0,9913	0,9913	0,9913
In 100 ccm sind enthalten:					
Alkohol.	8,86 g	—	8,57 g	8,53 g	8,67 g
Extract.	1,42 =	1,544 g	1,418 =	1,388 =	1,44 =
Mineralstoffe	0,133 =	0,152 =	0,1336 =	0,1348 =	0,1376 =

Die diesseitigen Bestimmungen stimmten mit denen des Hamburger hygienischen Institutes, nicht aber mit denen des hier nicht genannten Sachverständigen überein. Alle drei Weine wurden als über das gesetzlich noch zulässige Maass hinaus gallisirt erklärt.

B. Most-Wein bezw. Wein-Most.

U. A. 1670/97. Ein Weinhändler brachte im Herbst des Jahres 1897 Getränke in den Handel, welche er als „Most-Weine" anpries. Ursprünglich waren sie als „Wein-Moste" bezeichnet worden, doch war diese Bezeichnung später in die zuerst genannte umgewandelt worden. Nach den Geschäfts-Empfehlungen sollte sich der Most-Wein besonders als Ersatz einer Traubenkur eignen.

In Folge einer Denunciation von Auswärts waren je 1 Flasche weisser und rother Most-Wein eingeliefert worden.

Die Untersuchung ergab folgende Werthe:

	Weiss	Roth
Das specifische Gewicht des Mostweines ist	1,0282	1,0108
⸗ ⸗ ⸗ ⸗ aufgefüllten Destillates	0,9826	0,9809
In 100 ccm sind enthalten Gramm:		
Alkohol	10,803	12,094
⸗ Volumprocente	13,62	15,24
Extract	11,81	7,73
Zucker direct	9,97	5,08
⸗ nach der Inversion	9,73	5,00
Glycerin	0,498	0,714
Mineralstoffe	0,209	0,279
Phosphorsäure	0,0075	0,0136
Verhältniss von Alcohol : Glycerin	100 : 4,6	100 : 5,9

Hiernach war über die Herstellungsweise dieser Getränke ein Zweifel kaum möglich. Beide Getränke waren angegohrene Moste, die durch Zusatz von Alkohol stumm gemacht bezw. geklärt worden sind. Der Alkohol-Zusatz bei dem weissen Most-Wein betrug 4,5 Vol. Procent, bei dem rothen rund 2 Vol. Procent. Ausserdem hatte der weisse Mostwein mutmasslich eine Verdünnung mit Wasser erfahren. — Um so schwieriger gestaltete sich die Beurtheilung.

Da es von dem Verkäufer notorisch ist, dass er französische Weine in den deutschen Verkehr bringt, so musste zunächt der Standpunkt aufgegeben werden, diese Weine etwa als deutsche zu beurtheilen. Sie wurden vielmehr als aus Frankreich stammend angesehen. Da nun das deutsche Weingesetz über den Zusatz von Alcohol zu den nichtdeutschen Weinen sich nicht äussert, so war damit im vorliegenden Falle die Anwendung dieses Gesetzes ausgeschlossen. Wir haben schliesslich den rothen Mostwein überhaupt nicht beanstandet, dagegen den weissen Mostwein als verfälscht im Sinne des Nahrungsmittelgesetzes erklärt und zwar aus dem Grunde, weil diese Getränke als „reine Naturweine“ angepriesen worden waren und wir uns sagen mussten, dass diese Bezeichnung geeignet sei, einen Käufer über die wahre Beschaffenheit des Getränkes zu täuschen. Es würden wohl nur wenige Käufer für dieses Getränk sich gefunden haben, wenn ihnen bekannt gewesen wäre, dass es hergestellt worden ist durch Vermischen von 100 Litern angegohrenem Weinmost mit 4 bis 5 Liter Spiritus.

Wir haben von diesem Falle nichts mehr gehört; das Verfahren dürfte also eingestellt worden sein.

C. Ungarweine.

U. A. 703/97. Die „Oesterreichisch-ungarische Weinproducten-Handlung von Günzler & Ungerleider in Budapest VII, Kiraly utcza 27“ hatte an einen hiesigen Kaufmann drei Fässchen Ungarwein verkauft, welchen dieser zur Verfügung stellte, da er sich nach den angestellten Kostproben für übervortheilt hielt.

Die genannte Firma strengte gegen den Käufer einen Civilprocess an, in dessen Verlaufe uns folgende Fragen vorgelegt wurden:

„Ob der gelieferte Wein zum Theil überhaupt keinen Rebensaft enthalte, zum Theil unter mittlerer Qualität sei.“

Die chemische Untersuchung ergab folgende Werthe:

	Facturirt als		Menescher (Roth)
	Süsser (Gelb)	Ruster Ausbruch (Gelb)	
Spec. Gewicht bei 15⁰ C..	1,0507	1,0491	1,0309
In 100 ccm sind enthalten Gramm:			
Alkohol.	9,28	8,98	10,96
Extract	17,1	16,61	12,52
Zucker als Invert-Zucker:			
a) Vor der Inversion	14,18	13,46	10,34
b) Nach der Inversion	14,17	13,62	10,62
Extract-Rest.	2,93	2,99	1,90
Mineralstoffe	0,150	0,152	0,195
Phosphorsäure.	0,011	0,0072	0,0141
Glycerin	0,22	0,26	0,291
Alkohol: Glycerin	100 : 2,4	100 : 2,9	100 : 2,7

Der Geschmack der beiden gelben Weine war fade, süss, wie der einer dünnen Bowle; sie sind vollständige Kunstproducte. Desgleichen der rothe Wein, welcher etwas burgunderartigen Geschmack hat. Wir erklärten sämmtliche drei Weine für verfälscht sowohl nach dem deutschen als auch nach dem ungarischen Weingesetz und den für sie gezahlten Preis mit ihrem wahren Werthe in keinem Verhältnisse stehend.

U. A. 1161/97. Auf Requisition eines auswärtigen Gerichtes sollte ein •Obergutachten darüber abgegeben werden, ob ein beschlagnahmter Wein mit Recht als „Medicinal-Ungarwein und reiner Naturwein" bezeichnet werden könne.

Die Untersuchung ergab Folgendes:

Spec. Gewicht des Weines bei 15⁰ C.   1,0364

„   „   des aufgefüllten Destillates   0,9820

Der Wein enthält in 100 ccm

Alkohol   11,254 g.

Extrakt   14,49 „

Mineralstoffe   0,202 „

Phosphorsäure ($P_2 O_5$)   0,018 „

Glycerin   0,68 „

Zucker als Invertzucker   10,56 „

Rohrzucker   fehlt

Verhältnis von Alkohol : Glycerin 100 : 6

Nach diesem Ausfall der Untersuchung war der Wein als stark gezuckerter Landwein zu erklären. Ein solcher Wein ist weder ein Naturwein, noch kann er als medicinischer Ungarwein bezeichnet werden. Er ist vielmehr als n a c h g e m a c h t im Sinne des Nahrungsmittelgesetzes zu bezeichnen.

Weinähnliche Getränke.

Wir hatten auf Seite 9 u. f. unseres Jahresberichtes für 1894/95 die Schwierigkeiten ausführlich auseinandergesetzt, welche sich für den Sachverständigen dadurch ergeben, dass das neue Weingesetz den Begriff der weinähnlichen Getränke geschaffen hat, welchen die Gewerbe-Ordnung nicht kennt. Es handelt sich mit anderen Worten darum, unter welchen Umständen ein Kunstwein noch als Wein, unter welchen Umständen er als Branntwein aufzufassen ist. Da eine geseztliche Regelung dieser Materie bisher nicht erfolgt ist, so bestehen diese Schwierigkeiten eben weiter und sie wiederholen sich, sobald aus irgend einem Grunde die gestellte Frage wieder einmal zu entscheiden ist.

Eingeliefert wurden im Ganzen 8 Proben solcher Getränke, von denen sich die folgenden

In 100 ccm sind enthalten Gramm	U. A. 1167/97	U. A. 1191/97	U. A. 1568/97	U. A. 542/98
Alkohol	7,26	6,99	3,84	5,06
Extract	1,60	4,63	1,45	1,99
Mineralstoffe	0,181	0,24	0,217	—
Phosphorsäure ($P_2 O_5$)	0,016	—	—	—
Glycerin	0,603	0,305	—	—
Verhältniss von Alkohol : Glycerin . . .	100 : 8,3	100 : 4,4	—	—

ohne weiteres als mehr oder weniger reine Obstweine zu erkennen gaben. Der Alkoholgehalt dieser Weine ist ein so niedriger, dass sie schlechterdings als Branntwein nicht bezeichnet werden können.

Wesentlich schwieriger gestaltete sich die Beurtheilung nachstehender Getränke, welche als Sherry (Obstsherry) in Gastwirthschaften mit nur halber Concession verschänkt wurden.

	U. A. 739/97 Sherry	U. A. 827/97 Obstwein	U. A. 1043/97 Sherry
Spec. Gewicht bei 15° C.	1,0197	1,0200	1,0528
In 100 ccm sind enthalten Gramm :			
Alkohol	14,29 Vol. %	14,97 Vol. %	14,25 Vol. %
Extract	9,78	10,05	18,37
Mineralstoffe	0,154	0,268	0,035
Freie Säure als Weinsäure	0,33	—	—
Glycerin	0,37	0,357	0,183
Alkohol : Glycerin	100 : 3,2	100 : 3,0	100 : 1,62

Diese Getränke waren dadurch hergestellt, dass frischgepresster Obstsaft (event. nach Verdünnung mit Wasser; s. U. A. 1043/97 mit Zucker und soviel Alkohol versetzt wurde, dass die Gährung unterdrückt wird. Die in den Analysen als Glycerin in Rechnung gestellte bezw. gewogene Substanz bestand natürlich nicht aus reinem Glycerin.

Wir haben unsere Schlussgutachten, wie folgt abgefasst:

„Das eingelieferte Getränk ist ein Kunstwein, welcher nach einem Gutachten der wissenschaftlichen Deputation in Berlin vom 14. Mai 1884 und nach einer Circular-Verfügung des Herrn Ministers des Innern vom 23. August 1884 (Ministerialblatt für die innere Verwaltung 1884 S. 233) als Branntwein im Sinne der Gewerbe-Ordnung zu behandeln ist.“

Zwei solcher Fälle, von denen der eine seine Bearbeitung durch das diesseitige Amt erfahren hatte, sind inzwischen von dem Königlichen Oberlandesgericht zu Breslau als oberster Instanz entschieden worden. Wir geben im Nachstehenden die betreffenden Urtheile wieder.

I. Ein Restaurateur in Breslau, welcher nur im Besitze der sogenannten halben Concession war, hatte einen solchen Kunstwein mit einem Gehalt von 18,44 Vol. Procent Alkohol verschänkt. Dieses Getränk war vom diesseitigen Amte als „Branntwein" erklärt worden, worauf durch das Königliche Landgericht Breslau Verurtheilung des Restaurateurs zu einer Geldstrafe von 30 Mk. erfolgte. Die hiergegen eingelegte Berufung wurde vom Königlichen Oberlandesgericht Breslau verworfen. (Urtheil vom 18. Juni 1897. S. 192/97 III f. 2402 a.)

Gründe:

Das Berufungsgericht sieht für erwiesen an, dass der Angeklagte, der keine Concession zum Ausschank von Branntwein sondern nur von Wein hat, sogenannten „Obstsherry" glasweise zu gleichem Preise wie Kornbranntwein ausschänkt.

Der von dem Destillateur B. hergestellte Obstsherry ist Apfelmost, der nicht im normalen Gährungsprocess seinen gewöhnlichen Alkoholgehalt von 6 Procent entwickelt, sondern durch Zusatz von 15 Procent reinen Sprits, sowie eines geringen Quantums Wasser und Zucker auf einen Alkoholgehalt von 16 bis 18 Procent gebracht wird, also fast soviel davon hat, wie der gewöhnlich verschänkte „Korn", der gewöhnlich 20 Procent hat.

Auf Grund dieser Thatsache hat das Gericht festgestellt,

> dass Angeklagter im Jahre 1897 zu Breslau in seiner Restauration Branntwein ausgeschänkt hat, ohne die dazu erforderliche polizeiliche Genehmigung zu haben,

und hat ihn aus §§ 33, 147[1] Gewerbe-Ordnung zu 30 Mk., eventuell 6 Tagen Haft verurtheilt.

Die hiergegen eingelegte Revision rügt Gesetzes-Verletzung, namentlich Ausserachtlassung des Reichsgesetzes vom 20. April 1892 betr. den Verkehr mit Wein, weinhaltigen und weinähnlichen Getränken.

Letztere seien die Obst- und Beerenweine, die wie alle Süssweine ihrer Haltbarkeit wegen mit Sprit versetzt würden; und wenn das Urtheil feststelle, dass der Grundstoff des hier in Frage kommenden Getränkes Obstwein sei, so könne das — übrigens auch vollständig irrige — Gutachten des Dr. Fischer, der das Produkt dem Branntwein gleichgestellt hat, die durch das Gesetz erfolgte Qualificirung desselben nicht ändern.

Ausserdem sei aber auch garnicht festgestellt, dass der Angeklagte gewusst habe, er verschänke Branntwein. — Das Urtheil gelange zwar zu einer Fahrlässigkeit, indem es unterstelle, Angeklagter habe Zweifel über das Getränk gehabt oder doch haben müssen, die bezügliche Begründung sei aber unzureichend und rechtsirrthümlich.

Die Heranziehung des Gesetzes vom 20. April 1892 erscheint verfehlt. Abgesehen davon, dass dieses sich lediglich mit der Fälschung resp. technischen Behandlung der dort namhaft gemachten Getränke beschäftigt, giebt es auch keine nähere Bestimmung darüber, was unter weinhaltigen und weinähnlichen Getränken zu verstehen ist, so dass Folgerungen für das vorliegende Gewerbe-Vergehen daraus nicht gezogen werden können. Wenn der Vorderrichter auf Grund des Fischer'schen Gutachtens und des Procentsatzes an Alkohol zu dem Ergebniss gelangt, der vom Angeklagten verschänkte „Obstsherry" stehe in gewerbepolizeilicher Hinsicht dem Branntwein gleich, so ist dies eine auf keinem Rechtsirrthume beruhende Feststellung, weil der in jenem Getränke enthaltene Alkohol nicht etwa ein Product natürlicher

Gährung ist, sondern, abgesehen von einer ganz geringen Menge, ein künstlicher Zusatz, mithin ebenso, wie bei dem als Kornbranntwein bezeichneten Getränk, Branntwein verschänkt wird, d. h. Alkohol, der durch Brennen gewonnen worden ist. Ob wie bei anderem im Kleinhandel verschänkten Branntwein die Geniessbarkeit für den Trinker durch eine Verdünnung nur mit Wasser, oder wie im vorliegenden Falle durch Beimischung von Fruchtsaft hergestellt wird, ist unerheblich. Denn sein eigenthümliches Gepräge erhält das Getränk erst durch den Zusatz von Branntwein, der dafür ebenso wesentlich ist, wie der ausserdem dazu verwendete Aepfelsaft.

Es ist daher nicht zulässig, letzteren als Grundstoff zu bezeichnen und dem gegenüber dem Alkoholzusatz nur nebensächliche Bedeutung beizumessen, wie es die Revision verlangt. Eine derartige Feststellung enthält auch das angegriffene Urtheil nicht.

Auch der in Betreff des Verschuldens des Angeklagten erhobene Revisionsangriff geht fehl.

Allerdings sagt das Urtheil, derselbe hätte beim Zweifel über die Eigenschaft des Getränkes sich darnach erkundigen müssen uud sieht in dieser Unterlassung ein Verschulden. Ob soweit gegangen werden darf, kann zweifelhaft sein.

Allein es stellt zuvor fest — und dies ist massgebend — dass der Angeklagte Gästen, die „Korn" verlangten, selbst dies Getränk als Ersatz dafür verabfolgt hat, womit offenbar gesagt sein soll, dass Angeklagter beide Getränke für gleichartig gehalten hat. Dies aber muss für genügend erachtet werden, um den Angeklagten für seine Zuwiderhandlung verantwortlich zu machen. Wenn das Urtheil fortfährt, dass Angeklagter somit wenigstens im Zweifel sein musste, so hat es damit zu erkennen geben wollen, dass es allerdings bereits diesen Zweifel zum subjebtiven Verschulden für ausreichend erachtet, nicht indes, dass es eben lediglich einen solchen auf Seiten des Angeklagten angenommen hat.

Unterschriften.

II. Zu einer wesentlich anderen Entscheidung gelangte das nämliche Oberlandesgericht im folgenden Falle: Mehrere Angeklagte waren vom Landgericht Beuthen O/S. wegen Uebertretung der Gewerbe-Ordnung — begangen durch den Verkauf von Cyder mit 13—14 Vol. Procent Alkoholgehalt — freigesprochen. Das von der Königlichen Staatsanwaltschaft hiergegen eingelegte Rechtsmittel der Revision wurde vom Königlichen Oberlandesgericht Breslau als nicht begründet zurückgewiesen. (Urtheil vom 28. September 1897. S. 234/97. III S. 2626.)

G r ü n d e :

Die Angeklagten sind beschuldigt, zu Zalenze im Jahre 1896 und 1897 ein jeder für sich den selbstständigen Betrieb eines stehenden Gewerbes oder Kleinhandels mit Branntwein nämlich mit Cyder, zu dessen Beginn eine besondere polizeiliche Genehmigung erforderlich ist, ohne sie begonnen und fortgesetzt zu haben und zugleich die gesetzliche Verpflichtung zur Anmeldung dieses steuerpflichtigen Gewerbes binnen der vorgeschriebenen Frist nicht erfüllt zu haben. Das Schöffengericht zu Kattowitz hat die Angeklagten von dieser Beschuldigung eines Gewerbe-Vergehens und einer Uebertretung des Gewerbesteuergesetzes freigesprochen und die Kosten der Staatskasse auferlegt. Die Berufung ist vom Landgericht Beuthen O/S. verworfen.

Das Berufungsgericht stellte fest, dass der von den Angeklagten feilgehaltene Cyder einen Alkoholgehalt von 13—14 Procent hat, und dass der Zweck des Zusatzes von Alkohol nur dazu gedient hat, die Weitergährung zu verhindern und dadurch dem Cyder den charakteristischen Weingeschmack zu bewahren.

Unter diesen Umständen sei der feilgehaltene Obstwein kein Branntwein.

Das Gericht nimmt ferner an, dass den Angeklagten ihr Irrthum über die rechtliche Natur des Cyder gemäss § 59 des Reichs-Strafgesetzbuches zu Gute käme.

Gegen diese Entscheidung richtet sich die Revision der Anklagebehörde mit dem Antrage:

das angefochtene Urtheil aufzuheben und die Sache zur anderweitigen Verhandlung und Entscheidung an das Berufungsgericht zurückzuverweisen.

Dem Rechtsmittel war der Erfolg zu versagen.

Es kann unerörtert bleiben, ob der § 59 des Reichs-Strafgesetzbuches, wie die Staatsanwaltschaft meint, unrichtig angewendet ist, denn die Freisprechung der Angeklagten ist durch den ersten Entscheidungsgrund des Berufungsgerichtes gerechtfertigt, welcher verneint, dass der von den Angeklagten feilgehaltene Obstwein Branntwein ist.

Der Angriff der Revision, das Berufungsgericht habe den Rechtsbegriff des Branntweins um deswillen verkannt, weil es nur den Zweck der Beisetzung des Alkohols für diesen Begriff entscheidend sein lasse, ist verfehlt.

In dem Gutachten der wissenschaftlichen Deputation vom 14. Mai 1884 (Ministerialblatt für die innere Verwaltung S. 233) ist die Frage erörtert, ob Obstwein, welcher unter Verwendung von destillirtem Alkohol hergestellt wird, deswegen als Branntwein anzusehen ist. — Das Gutachten führt aus, dass diese Frage nur dann zu bejahen ist, wenn lediglich zum Zwecke der Umgehung der Bestimmungen der Gewerbe-Ordnung dem Getränke so grosse Mengen Branntwein beigemischt werden, dass das Gemisch mehr einen Branntwein darstellt, dem Cyder zugesetzt ist, als einen Cyder, dem man durch Zusatz von Branntwein grössere Stärke gegeben hat.

Diesen rechtlich nicht zu beanstandenden Ausführungen hat sich das Berufungsgericht angeschlossen und aus dem — wie festgestellt — geringen Zusatz von 13—14 Procent Alkohol zu dem feilgehaltenen Cyder die nicht anfechtbare Feststellung getroffen, dass der Zusatz von Alkohol nicht zur Umgehung des Gesetzes geschehen ist, sondern zur Bewahrung des charakteristischen Weingeschmackes.

Es ist also nicht richtig, wie die Revision meint, dass das Berufungsgericht kein Gewicht auf die Menge des beigesetzten Alkohols gelegt, sondern nur den Zweck der Beisetzung berücksichtigt habe.

Unterschriften.

Aus den mitgetheilten beiden Urtheilen geht hervor, dass unsere Hoffnung, diese streitige Materie werde durch ein von dem obersten Gerichtshofe der Provinz gefälltes Urtheil endgiltig erledigt werden, leider nicht in Erfüllung gegangen ist.

Leuchtgas, Gaswasser.

Das Leuchtgas wurde an 296 Arbeitstagen untersucht und zwar wurden wie früher bestimmt: Druck, Lichtstärke. und Kohlensäure-Gehalt.

Die Ergebnisse sind wesentlich günstigere als während des Vorjahres. Wir führen dieselben auf folgende Ursachen zurück: Es war früher wiederholt aufgefallen, dass die Leuchtkraft des Gases an einzelnen Tagen oder an einigen aufeinanderfolgenden Tagen ganz erheblich schwankte. So betrug sie z. B. im Mai 1896 einmal nur 10,6 Kerzenstärken. Wir glaubten das damals darauf zurückführen zu sollen, dass während der Beobachtungstage umfangreiche Arbeiten an der Rohrleitung in der Nähe unseres Beobachtungsraumes ausgeführt wurden. Da sich indessen diese Schwankungen wiederholten, ohne dass es möglich gewesen wäre, sie auf entsprechende Rohrverlegungen oder desgleichen zurückzuführen, haben wir dieser Frage von neuem nachgehen müssen.

Wir sind nun zu der Ueberzeugung gekommen, dass in der That Gas in einer nicht lebhaft beanspruchten Leitung stagniren und aldann an Leuchtkraft einbüssen kann.

Um diesem Uebelstande entgegen zu arbeiten, lassen wir nunmehr die Beobachtungsflamme erst mehrere Stunden brennen, bevor wir die Beobachtung ausführen.

Es hat sich unter diesen Umständen aber als nothwendig herausgestellt, für genügende Luft - Circulation in dem Beobachtungsraume zu sorgen. Unterlässt man dies, so kann der Sauerstoff sehr leicht soweit aufgebraucht werden, dass die Flammen schliesslich in Folge Sauerstoffmangels trüb brennen. Diese Vorsichtsmassregel ist so selbstverständlich, dass sie gerade deswegen sehr leicht übersehen werden kann.

Monat		Druck des Gases in der Leitung	Lichtstärke des Gases in Kerzen	Gehalt an Kohlensäure in Vol.-Proc.	Monat		Druck des Gases in der Leitung	Lichtstärke des Gases in Kerzen	Gehalt an Kohlensäure in Vol.-Proc.
April 1897 . .	Maximum	57	18,5	3,0	October 1897 .	Maximum	44	18,0	2,8
	Minimum	34	16,0	2,4		Minimum	38	16,0	2,2
	Mittel	45	17,5	2,7		Mittel	41	17,0	2,5
Mai ≠ . .	Maximum	58	18,5	2,9	November ≠ .	Maximum	42	18,5	3,3
	Minimum	28	15,3	2,3		Minimum	37	16,0	2,0
	Mittel	42	17,0	2,7		Mittel	39	17,2	2,6
Juni ≠ . .	Maximum	46	18,5	3,0	December ≠ .	Maximum	46	18,5	2,6
	Minimum	31	16,0	2,4		Minimum	38	16,2	2,2
	Mittel	35	17,1	2,7		Mittel	42	17,4	2,4
Juli ≠ . .	Maximum	39	19,0	3,3	Januar 1898 .	Maximum	46	18,5	2,7
	Minimum	32	15,8	2,0		Minimum	38	16,8	2,4
	Mittel	36	17,4	2,6		Mittel	42	17,5	2,6
August ≠ . .	Maximum	60	18,8	3,0	Februar ≠ .	Maximum	44	18,0	2,6
	Minimum	32	16,2	2,2		Minimum	37	17,0	2,2
	Mittel	41	17,5	2,8		Mittel	41	17,5	2,4
September 1897	Maximum	54	18,4	3,4	März ≠ .	Maximum	60	18,7	3,2
	Minimum	40	16,0	2,1		Minimum	40	16,5	2,4
	Mittel	46	17,2	2,7		Mittel	50	17,5	2,8

Es ist uns hierdurch zwar nicht möglich gewesen, das unerklärte sprunghafte Sinken der Leuchtkraft des Gases ganz zu vermeiden, aber es ist doch gelungen, diese Fälle auf einen sehr geringen Betrag herabzudrücken.

Der Kohlensäure - Gehalt schwankte von 2,0—3,4 Procent. Das Minimum trat an zwei Tagen, das Maximum an einem Tage auf. Das Jahresmittel beträgt 2,6 Vol. Procent.

Der Druck in der Leitung schwankte von 28—60 mm und betrug im Mittel 41 mm.

Jahresdurchschnitt pro 1897/98.

		Druck des Gases		Lichtstärke des Gases in Kerzen	Kohlensäure- Gehalt in Volum-Proc.
		vor dem Brenner	in der Leitung		
Jahres-	Maximum	2	60	19,0	3,4
	Minimum	2	28	15,8	2,0
	Mittel	2	41	17,3	2,6

Gaswasser, Gasreinigungsmasse.

Gaswasser. — 25 von den städtischen Gaswerken eingelieferte Proben Gaswasser enthielten folgende Procentmengen von Ammoniak, welches durch Destillation mit Magnesia ausgetrieben werden konnte:

2,0	1,95	1,59	1,51	1,55	1,23
1,49	1,24	1,11	1,68	1,62	1,19
1,27	1,75	2,00	1,13	1,32	1,87
1,39	1,79	1,92	1,63	1,51	1,48
2,02					

U. A. 1993/97. Ungebrauchte Gasreinigungsmasse. Eingeliefert waren zwei Proben, welche im Wesentlichen aus Eisenhydrat bestanden.

	I.	II.
Gehalt an Eisenoxyd $Fe_2\,O_3$	23,5%	24,0

100 gr der Masse absorbiren im Zustande, wie sie übergeben worden waren Schwefelwasserstoff

	I.	II.
direkt	17,0 gr	24,0 gr
Nach der I. Regeneration	11 „	11,0 „
„ „ II. „	12,0 „	18,0 „

Petroleum.

Von Petroleum wurden während des Berichtsjahres insgesammt 28 Proben untersucht, welche sämmtlich von der Beleuchtungsinspektion des Breslauer Magistrates eingeliefert worden waren. Von diesen 28 Proben stellten sich zwei als amerikanisches und 26 Proben als russisches Petroleum heraus.

Von Seiten des Königlichen Präsidii war eine Untersuchung von Petroleum nicht beantragt worden. wohl, weil während des Berichtsjahres Lampen-Explosionen zur amtlichen Kenntnis nicht gelangt sind.

Auch von anderen Behörden sowie von Privaten waren Anträge zur Untersuchung von Petroleum nicht gestellt worden.

Wir lassen zunächst die Ergebnisse der Untersuchung folgen:

Geschäfts-zeichen U. A.	Datum	Auftrag-geber	Spec. Gewicht bei 15° C.	Entflammungspunkt °C.	Die fractionirte Destillation ergab Vol.-Proc.			Bemerkungen
					bis 140°	von 140 bis 270°	über 270°	
			Russisches Petroleum.					
529/97	17. 4. 97	Magistrat	0,8230	33,5	3,0	88,0	9,0	
587 =	30. 4. =	=	0,8237	34,0	8,0	85,0	7,0	
708 =	19. 5. =	=	0,8253	33,5	7,5	86,0	6,5	
807 =	5. 6. =	=	0,8235	33,7	7,0	88,0	5,0	
936 =	29. 6. =	=	0,8230	33,2	7,25	86,0	6,75	
1078 =	20. 7. =	=	0,8260	34,0	3,5	84,0	12,5	
1228 =	11. 8. =	=	0,8200	30,5	6,0	84,0	10,0	
1302 =	25. 8. =	=	0,820	31,7	5,0	84,0	11,0	
1354 =	7. 9. =	=	0,8200	30,3	7,5	86,5	6,0	
1409 =	16. 9. =	=	0,8260	34,2	7,0	86,0	7,0	
1471 =	28. 9. =	=	0,8270	42,0	3,25	91,50	5,25	
1633 =	19. 10. =	=	0,8250	38,5	3,5	92,0	4,5	
1762 =	2. 11. =	=	?	32,7	9,0	82,5	8,5	

Geschäfts-zeichen U. A.	Datum	Auftrag-geber	Spec. Gewicht bei 15° C.	Entflam-mungspunkt °C.	Die fractionirte Destillation ergab Vol.-Proc.			Bemerkungen
					bis	von	über	
1902/97	20. 11. 97	Magistrat	0,8230	32,5	6,5	87,5	6,0	
1982 =	4. 12. =	=	0,8263	32,2	3,9	84,6	11,5	
2121 =	19. 12. =	=	0,8250	31,5	5,5	88,0	6,5	
10/98	4. 1. 98	=	0,8240	32,5	6,0	88,0	6,0	
198 =	28. 1. =	=	0,8230	31,7	5,0	85,0	10,0	
255 =	9. 2. =	=	0,8220	31,8	5,5	87,0	15,0	
365 =	18. 2. =	=	0,8230	32,2	7,0	85,0	8,0	
365 =	18. 2. =	=	0,8195	29,7	7,5	89,0	3,5	
365 =	18. 2. =	*	0,8235	31,2	6,0	86,5	7,5	
365 =	18. 2. =	=	0,8205	31,2	7,5	84,0	8,5	
403 *	25. 2. =	=	0,8240	32,0	6,5	86,0	7,5	
514 *	12. 3. =	=	0,8235	31,7	8,0	86,0	6,0	
621 =	30. 3. *	=	0,8250	32,8	5,0	87,0	8,0	

Amerikanisches Petroleum.

| 365/98 | 18. 2. 98 | Magistrat | 0,799 | 23,7 | 16,5 | 54,5 | 29,0 |
| 365 = | 18. 2. = | = | 0,799 | 23,7 | 16,0 | 54,0 | 30,0 |

Aus den mitgetheilten Zahlen ergiebt sich, dass sämmtliche eingelieferten Proben russischer Herkunft sich durch ausserordentliche Gleichmässigkeit der Zusammensetzung auszeichnen. Die Lieferungen fallen ja nicht immer ganz gleich aus, aber der Gesammtcharakter der Lieferungen bleibt sich gleich. Die städtische Verwaltung ist gerade wegen dieser Gleichmässigkeit des Materials dabei geblieben, für die Promenaden-Beleuchtung ausschliesslich russisches Petroleum zu beziehen, und die Berichte der genannten Verwaltung äussern sich durchaus günstig über dasselbe.

Das amerikanische Petroleum hat im Gegensatze hierzu bezüglich der Raffinirung besondere Fortschritte nicht gemacht, wenigstens soweit die nach Deutschland eingeführten Sorten in Betracht kommen.

Soweit wir über das amerikanische Petroleum durch den Verbrauch desselben im eigenen Haushalte unterrichtet sind, ist dieses während des Berichtsjahres zwar nicht mehr von der absolut schlechten Beschaffenheit gewesen, wie wir sie in den Jahren 1891—1894 festgestellt haben, aber es war ungleichmässig und gab bisweilen ein nur mangelhaftes Resultat beim Brennen.

Galizisches Petroleum ist während des Berichtsjahres überhaupt nicht zur Untersuchung gekommen. Wir ziehen daraus nicht den Schluss, dass diese Sorte überhaupt nicht mehr nach Schlesien eingeführt worden ist. Vielmehr ist es wohl lediglich einem Zufalle zuzuschreiben, dass dieses Petroleum nicht zur Untersuchung gelangte. Thatsächlich ist es eingeführt und gehandelt worden, zum Theil ist es auch in Mischungen mit amerikanischem und russischem Petroleum in den Verkehr gebracht worden. Vergl. U. A. 255/98.

Der Petroleumfrage wird seitens des Publikums nicht diejenige Aufmerksamkeit zugewendet, die ihr thatsächlich gebührt. Man hat sich daran gewöhnt, das Petroleum als einen Leuchtstoff anzusehen, der uns zu verhältnissmässig wohlfeilem Preise, so zu sagen, von der Natur zufliesst.

Sehen wir nun ganz davon ab, dass es sich um ein Naturprodukt handelt, von welchem nicht vorherzusehen ist, wie lange es in ausreichenden Mengen zur Verfügung stehen wird, so fordern doch noch andere Umstände auf, diesem wichtigen Beleuchtungsmittel auch vom volkswirthschaftlichen Standpunkte aus dauernd die grösste Beachtung zuzuwenden.

Der Verbrauch an Petroleum im deutschen Reiche ist während des verflossenen Jahrzehnts in dauerndem Steigen begriffen. Die Zunahme ist erheblich grösser, als dass sie sich lediglich durch das Fortschreiten der Bevölkerung erklären liesse. Es kommen hierfür vielmehr noch andere Ursachen hinzu, welche in der sich immer mehr verbreitenden Verwendung des Petroleums zu anderen Zwecken (z. B. als Kraftquelle) und in dem durch die Fortschritte der Beleuchtungstechnik sich geltend machenden grösseren Lichtbedürfniss zu suchen sind. Da Deutschland nur ganz unbedeutende Mengen von Petroleum selbst producirt, so ist es für seinen Consum auf die Einfuhr angewiesen.

Die Einfuhr von Petroleum in das deutsche Reich betrug:

	Tonnen	Mill. Mk.		Tonnen	Mill. Mk.
1889	625 668	81,3	1894	785 102	45,5
1890	646 804	73,1	1895	871 058	61,6
1891	675 528	65,4	1896	853 642	59,8
1892	743 433	60,7	1897	894 611	46,2
1893	765 100	47,3			

Da dieser Gesammt-Einfuhr nur eine verschwindend geringe Ausfuhr (dieselbe betrug 1889—1896 in maximo 156 Tonnen pro Jahr und stieg 1897 zum ersten Male auf 5300 Tonnen im Werthe von 0,5 Mill. Mk.) gegenübersteht, so kann die gesammte Einfuhr als Verbrauch in Rechnung gesetzt werden.

Gehen wir dem Ursprung des eingeführten Petroleums nach, so ergiebt sich für das Jahr 1897 Folgendes. Es wurden eingeführt aus:

	Tonnen	Mill. Mk.
Oesterreich-Ungarn	12 217	0,7
Russland	43 401	2,2
Vereinigte Staaten u. Nord-Amerika .	837 659	43,2

Der deutsche Bedarf an Petroleum ist demnach, soweit die Einfuhr in Betracht kommt, zu 93,8 Procent durch Amerika und nur zu 6,2 Procent durch die übrigen Produktions-Länder gedeckt worden. — Daraus ergiebt sich, dass Deutschland bezüglich seines Verbrauches an Petroleum in einer wirthschaftlichen Abhängigkeit von den Vereinigten Staaten Nord-Amerikas sich befindet. Diese Abhängigkeit ist um so unangenehmer, als der amerikanische Markt schon heute so gut wie vollständig von der unter der Geschäftsleitung der Herren Rockefeller und Genossen stehenden Standard Oil Co. monopolisirt wird, und diese Gesellschaft unter rücksichtsloser Benutzung aller ihr zu Gebote stehenden Machtmittel daran arbeitet, dieses Monopol zu einem absoluten zu gestalten.

Dies hat zur Folge, dass die Standard Oil Co. in der Lage ist, die Petroleumpreise völlig nach Gutdünken zu diktiren. Und die von ihr getroffene Preisbildung beruht nicht auf dem Princip des Verhältnisses von Angebot und Nachfrage, sondern sie steht lediglich im Dienste einer ins Ungemessene gehenden Spekulation.

Der Preis-Rückgang während der Jahre 1889—1894 hatte den Zweck, die dem Trust noch nicht angehörigen amerikanischen Producenten (die sog. outsiders) zum Beitritt zu zwingen oder sie tot zu machen. Die zweite Periode des Preis-Rückganges hatte den Zweck, die deutsch-russische Naphtha-Import-Gesellschaft in den Ring zu zwingen, gleichzeitig die damals im Entstehen begriffene galizische Concurrenz überhaupt nicht aufkommen zu lassen. — Beide Zwecke dürften inzwischen erreicht sein.

Die genannte deutsch-russische Gesellschaft ist gegenwärtig an der Grenze ihrer Widerstandsfähigkeit angelangt, und alle Anzeichen sprechen dafür, dass eine Verständigung mit der amerikanischen Gesellschaft inzwischen bereits erfolgt ist. Dies dürfte auch der Grund sein, weshalb die erwartete Novelle über den Verkehr mit Petroleum in der diesjährigen Reichstags-Session bisher nicht eingebracht ist. Jede Erleichterung oder Vergünstigung, welche den nicht amerikanischen Petroleumsorten zugestanden wird, bedeutet für die deutschen Consumenten nämlich nur solange einen Vortheil, als die betreffenden Gesellschaften sich concurrirend gegenüberstehen. Von dem Augenblicke an, wo diese Gesellschaften gemeinsame Sache machen, dient jede Erleichterung lediglich zur Stärkung des Gesammtringes.

Zudem kann es als sicher angenommen werden, dass die russische Produktion garnicht in der Lage wäre — selbst die günstigsten Bedingungen vorausgesetzt — den gesammten Bedarf Deutschlands zu decken. Schätzungsweise wird man lediglich auf die Abgabe von $^1/_4$—$^1/_3$ des deutschen Bedarfes rechnen können.

Auch die galizische Produktion scheint nicht das zu halten, was man sich ursprünglich von ihr versprochen hat. Nach den uns vorliegenden Nachrichten ist die Ergiebigkeit der bis jetzt erschlossenen Quellen nicht so erheblich, dass der Export dauernd so bedeutend wäre, dass er beispielsweise für Deutschland als Gegengewicht gegen die amerikanischen Treibereien sich bewähren könnte.

So bleibt denn die Thatsache bestehen, dass Deutschland mit seinem Bedarf an Petroleum auf die Einfuhr aus Amerika auch in Zukunft angewiesen sein wird.

Und es ist weiter vorauszusehen, dass in Zukunft eine ganz beträchtliche Steigerung der Preise zu erwarten ist. Selbstverständlich muss demgegenüber Deutschland — und das nämliche Interesse haben alle anderen europäischen Culturstaaten — das Bestreben haben, diese Abhängigkeit thunlichst zu vermindern. Diese Verminderung kann nur dadurch erreicht werden, dass der Verbrauch von Petroleum eingeschränkt wird.

An Versuchen dazu fehlt es nicht. Die Verallgemeinerung des elektrischen Lichtes ist zweifellos geeignet, eine gewisse Beschränkung des Petroleumverbrauchs herbeizuführen. Dagegen ist gleichzeitig durch das elektrische Licht das allgemeine Lichtbedürfniss so ausserordentlich gewachsen, dass trotzdem das Endergebniss eine Steigerung der Petroleum-Einfuhr gewesen ist. — Man hat ferner im Acetylen ein wirksames Kampfmittel gegen das Petroleum zu erhalten gehofft. Diese Hoffnung dürfte für die nächste Zukunft nicht in Erfüllung gehen, da dieses Beleuchtungsmittel nur unter bestimmten Bedingungen am Platze ist. — Weiterhin hat man an den Ersatz des Petroleums durch Spiritus gedacht. Wir sind nicht der Ansicht, dass man damit glückliche Bahnen betreten hat. Wenn wir· ganz davon absehen, dass diese Idee schliesslich an der Kostspieligkeit scheitern wird, so würden, wenn die Spiritus-Beleuchtung einigermassen grössere Dimensionen annehmen sollte, zur Erzeugung des

Leuchtmaterials grössere Bodenflächen in Anspruch genommen werden, die nächste Folge würde also eine weitere Beschränkung des Körnerbaues sein. Wir würden damit aus einer Abhängigkeit in die andere gerathen.

Dagegen würde eine Ausgestaltung der Beleuchtung mit Leuchtgas bis in die letzten Consequenzen hinein ein Mittel sein, welches wohl geeignet wäre, einen wirksamen Schutz gegen übertriebene Ansprüche der Importeure zu bilden, ohne dass ihm irgendwelche Nachtheile anhaften.

Trotz der Inbetriebsetzung zahlreicher elektrischer Lichtanlagen und trotzdem durch die Glühstrumpfbeleuchtung rund 40 Procent an Gas gespart werden, hat die Produktion und der Verbrauch von Leuchtgas dauernd zugenommen. Das beweist, dass das Leuchtgas als Licht-, Heiz- und Kraftquelle doch Vorzüge besitzt, welche es auf absehbare Zeit hinaus noch neben dem elektrischen Licht werden bestehen lassen, und zwar so lange, bis es gelingen wird, die Elektricität in bequemer Weise zum Heizen zu benutzen. Erst dann wird der letzte Akt des Kampfes zwischen der Elektricität und Gas sich abspielen.

Demnach scheint uns als das wichtigste Kampfmittel die Verallgemeinerung der Gasbeleuchtung oder richtiger die Schaffung centraler Lichtanlagen, wo immer es angeht. Mit jedem Cubikmeter Gas, welcher verbrannt wird, hindern wir etwa 1 Kilo Petroleum den Eingang nach Deutschland.

Ausserdem bedeutet die Schaffung centraler Lichtanlagen, mögen diese nun Gaslicht oder elektrisches Licht betreffen, die Incourssetzung heimischer Betriebsfonds. Auch kleinere Communen würden in der Lage sein, sich durch diese Betriebe Einnahmequellen zu verschaffen, und endlich ist nicht einzusehen, warum in grösseren und mittleren Orten nicht ebenso wie Be- und Entwässerung auch die Beleuchtung principiell in jedes Haus eingeführt werden soll.

Wasser.

A. Leitungswasser.

Die Controle des Leitungswassers — soweit sie durch das hiesige Amt ausgeübt wird, — beschränkte sich, wie in den letzten Jahren, im Berichtsjahre darauf, dass vier je zu Anfang eines Vierteljahres entnommene Proben analysirt wurden. Die Untersuchung hat folgende Zahlen ergeben:

In 1 Liter Wasser waren enthalten g	8. April 1897	19. Juli 1897	30. Sept. 1897	8. Januar 1898
Gelöste Stoffe, davon	0,1294	0,1500	0,1720	0,2040
Glüh-Verlust	0,0172	0,0140	0,0280	0,0240
Glüh-Rückstand	0,1122	0,1360	0,1140	0,1800
Chlor	0,0053	0,0149	0,0166	0,0193
Kieselsäure SiO_2	0,0091	0,0051	0,0088	0,0096
Schwefelsäure SO_3	0,0170	0,0215	0,0208	0,0274
Calciumoxyd CaO	0,0352	0,0531	0,0424	0,0600
Magnesiumoxyd MgO	0,0061	0,0101	0,0089	0,0167
Eisenoxyd + Thonerde	0,0010	Spur	Spur	0,0004
Gesammt-Härte	3,70°	6,72°	5,33°	6,60°
Verbrauch an Kaliumpermanganat	0,0153	0,0222	0,0221	0,0202

Eine eigenthümliche Erscheinung stellte sich in dem Breslauer Leitungssystem am 5. December 1897 ein. An diesem Tage — es war ein Sonntag — wurde von zahlreichen Verbrauchern beobachtet, dass das Leitungswasser einen eigenthümlichen Geschmack besass, welcher von verschiedenen Beobachtern verschieden und zwar zum Theil als Carbol-, Chlor-, Jod-, Jodoform-Geschmack (auch »wie nach Apotheke«) bezeichnet wurde. Wir selbst waren nicht in die Lage gekommen, diesen Geschmack kennen zu lernen.

Es wurden auch nicht alle Theile oder bestimmte Theile der Leitung befallen, sondern die Erscheinung trat ganz sporadisch und sprunghaft auf.

Am nächsten Tage war sie vorübergegangen und es hat sich nicht feststellen lassen, was ihre Ursache gewesen ist, da alle Versuche, durch chemische Mittel eine Verunreinigung der am 5. December an verschiedenen Stellen geschöpften Proben nachzuweisen, fehlschlugen.

B. Wasser der in Aussicht genommenen neuen Wasserversorgung durch Grundwasser von Althofnass.

Seit etwa 6 Jahren ist für Breslau eine neue Wasserversorgung in Aussicht genommen, weil die leitenden Kreise sich der Anschauung nicht verschliessen können, dass die Versorgung einer Grossstadt von über 400 000 Einwohnern mit Oberflächenwasser (filtrirtem Oderwasser) auf die Dauer nicht erwünscht sei. Da die Möglichkeit einer Versorgung durch Quellwasser mit Rücksicht auf die topographische Lage der Stadt so gut wie ausgeschlossen erschien, so war man von vornherein darauf angewiesen, Grundwasser aufzusuchen.

Nach jahrelangen Vorarbeiten ist es endlich gelungen, südöstlich von Breslau in einer Entfernung von etwa 7 Kilometer, auf der Feldmark von Althofnass ein wasserführendes Gebiet aufzufinden, von welchem sich annehmen liess, dass es sich für den erstrebten Zweck als geeignet erweisen würde.

Es wurde nunmehr in der zweiten Hälfte des Jahres 1897 auf diesem Gelände eine Versuchsanlage eingerichtet, d. h. es wurden eine Anzahl von Bohrlöchern niedergeführt, diese an eine Rohrtour angeschlossen und das Wasser mittels einer Locomobile gehoben.

Unsere Aufgabe war es, uns über die Beschaffenheit des Wassers zu äussern.

Zu diesem Zwecke wurden in gewissen Zwischenräumen Proben, welche an Ort und Stelle von uns entnommen worden waren, der chemischen Untersuchung unterzogen.

Das Ergebniss derselben war folgendes:

Wasser hinter der Enteisenungsanlage.

| In 1 Liter | U. A. 1947/97 | U. A. 1976/97 | U. A. 2033/97 | |
| | Wasserproben vom | | | |
	1. 11. 97	2. 12. 97	8. 12. 97	24. 1. 98
Gelöste Stoffe	0,1180	0,1080	0,1264	0,1384
Glüh-Verlust	0,0216	0,0080	0,0232	0,0200
Glüh-Rückstand	0,0964	0,1000	0,1032	0,1184
Chor (Cl)	0,0101	0,0053	0,0043	0,0048
Schwefelsäure (SO_3)	0,0202	0,0217	0,0235	0,0302
Kieselsäure (SiO_2)	0,0177	0,0162	0,0180	0,0366
Calciumoxyd (CaO)	0,0263	0,0280	0,0302	0,0348
Magnesiumoxyd (MgO)	0,0044	0,0044	0,0053	0,0053
Eisenoxyd (Fe_2O_3) + Aluminiumoxyd (Al_2O_3)	0,0003	0,0003	0,0011	0,0022
Verbrauch an Kaliumpermanganat	0,0023	0,0038	0,0033	0,0047
Gesammt-Härte	2,84°	3,00°	3,10°	3,60°
Bleibende Härte	2,38°	2,60°	2,92°	2,20°
Ammoniak	0	0	0	0
Salpetrige Säure	0	0	0	0
Salpetersäure	0	0	0	0

Aus diesen Untersuchungen ergab sich zunächst die Wahrscheinlichkeit, dass der erbohrte Grundwasserstrom vorläufig in keinem Zusammenhange stehe mit der etwa 2 Kilometer von der Entnahme-Stelle entfernten Oder. S. S. 51.

Bezüglich der physikalischen Eigenschaften wurde festgestellt, dass das Wasser den Bohrlöchern in völlig klarem Zustande, aber mit einem schwachen Schwefelgeruch entnommen wurde. Nach etwa zweitägigem Stehen in offener Flasche schied es eine geringe Menge Eisenhydroxyd ab. Diese Abscheidung vollzog sich verhältnissmässig langsam, jedenfalls sehr viel langsamer, als sie sonst bei den uns bekannten Grundwässern aus der Umgebung von Breslau eintritt. Die Ursache hierfür ist darin zu suchen, dass dieses Wasser aus der erheblichen Tiefe von 10—12 Meter stammt und in Folge dessen reicher mit Kohlensäure beladen ist, als die aus geringeren Tiefen stammenden Wässer.

Der wenn auch geringfügige Eisengehalt liess eine Enteisenung des Wassers als nothwendig erscheinen. Mit Rücksicht auf die verhältnissmässig langsame Ausscheidung des Eisens erschien es erwünscht, zunächt den Beweis zu erbringen, dass diese Enteisenung auch von Erfolg sein werde. Zu diesem Zwecke wurde auf dem Wasserentnahme-Gebiet eine kleine Enteisenungsanlage geschaffen, welche etwa zwei Monate im Betriebe war. Als das Schlussergebniss dieser Enteisenungsversuche wurde festgestellt, dass das Wasser seinen Eisengehalt im allgemeinen soweit verlor, dass es praktisch als eisenfrei angesehen werden konnte. Von 20 Proben, welche an 20 verschiedenen Tagen entnommen worden waren, blieben **17** praktisch völlig eisenfrei, nur in **3** Proben war noch soviel Eisen gelöst, dass sich dieses nach einigen Tagen als leichter bräunlicher Hauch zu Boden setzte. Der geringe Schwefelgeruch verschwand im Verlaufe der Enteisenung vollständig.

Der Gehalt des Wassers an gelöstem Eisen betrug pro Liter ursprünglich 0,032 g Eisenoxyd Fe_2O_3, durch die Enteisenung ging er bis ungefähr auf den $^1/_{10}$ Theil dieses Werthes herab.

Besondere Aufmerksamkeit wurde auch dem Geschmack des Wassers zugewendet. Zu diesem Zwecke wurden den Mitgliedern der Commission, welcher die Bearbeitung dieser Frage übertragen worden war, eine geraume Zeit hindurch etwa alle **2** Tage Brunnenflaschen mit dem enteisenten Wasser in die Privatwohnung zur Kostprobe gesendet. Das Urtheil über den Geschmack lautete nahezu einstimmig dahin, dass das Wasser zwar etwas erdig und nicht so süss schmecke als das Oderwasser, dass man sich aber schliesslich hieran auch gewöhnen werde, um so mehr, als die Temperatur des erbohrten Wassers etwa 9^0 C. betrage und der Geschmack im übrigen rein und gut sei.

Es musste schliesslich und zwar mit Rücksicht auf die geringe Menge gelöster Bestandtheile die Frage erwogen werden, ob das Wasser etwa Leitungsröhren aus Blei angreifen werde. Diese Frage wurde durch praktische Versuche zu lösen gesucht, ausserdem wurden Kohlensäurebestimmungen ausgeführt.

Die praktischen Versuche bestanden darin, dass an der Wasserentnahmestelle eine Bleirohr-Schlange von 6 Meter Länge mit einem Zapfhahn montirt wurde. In dieser Schlange blieb das Wasser in drei Versuchen 5, bezw. 6, bezw. 12 Tage hindurch stehen, während der Zapfhahn unter Siegel gelegt wurde. Nach dieser Zeit wurde das Wasser entnommen und auf Blei geprüft. Indessen liess sich in keinem Falle die Anwesenheit von Blei nachweisen.

Die Bestimmungen der Kohlensäure, denen wir die für das gegenwärtige Leitungswasser (filtrirtes Oderwasser) erhaltenen Werthe beifügen, wurden zum Theil gewichtsanalytisch, zum Theil durch Titration nach Trillich ausgeführt. Sie ergaben folgende Resultate:

In 1 Liter sind enthalten:

	filtrirtes Oderwasser nach Trillich	Wasser nach Trillich	Wasser Althofnass gewichtsanalytisch
Gesammt-Kohlensäure	82,63 mgr	64,96 mgr	—
Freie $+$ $\frac{1}{2}$ gebundene Kohlensäure	47,63 ,,	53,06 ,,	51,21
Gebundene Kohlensäure	35,00 ,,	11,90 ,,	—
Freie Kohlensäure	12,63 ,,	41,16 ,,	—

Nach diesen Ermittelungen ergab sich kein Anhalt für die Besorgniss, dass dieses Wasser einen Angriff auf Blei-Leitungsröhren verursachen würde.

Da auch die von anderer Seite ausgeführte weitere Untersuchung: Ermittelung der Ergiebigkeit, bakteriologische Prüfung, zu günstigen Ergebnissen führte, so wurden die weiteren Vorarbeiten fortgesetzt, so dass zu erwarten steht, dass Breslau in absehbarer Zeit in den Genuss der neuen Grundwasser-Versorgung kommen wird.

C. Kanalwasser.

Die Untersuchung der Breslauer Kanalwässer erfolgte während des Berichtsjahres regelmässig in monatlichen Zwischenräumen und zwar wurde jedesmal eine Probe des ungereinigten Kanalwassers bei der Haupt-Pumpstation am Zehndelberge entnommen, während von dem die Rieselfelder verlassenden »Rieselwasser« zwei Proben zur Untersuchung gelangten, nämlich je eine Probe aus den Hauptentwässerungsgräben oberhalb der Pumpstation Ransern und an der Oswitz-Ranserner Grenze.

(Siehe nebenstehende Tabelle.)

U. A. **488/98.** Kanal-Schlamm. Seitens der Kanal-Bauverwaltung war die Frage gestellt worden, ob selbstthätig zu Poudrette gewordener Kanal-Schlamm sich als Düngemittel verwerthen lasse. Die Zusammensetzung wurde wie folgt gefunden:

Feuchtigkeit	48,60%	Phosphorsäure ($P_2 O_5$) 0,65%
Trocken-Rückstand	51,40 ,,	Stickstoff 0,86 ,,
Glüh-Rückstand	30,19 ,,	

Hiernach war der Düngewerth dieses Schlammes nicht so erheblich, dass letzterer etwa als Handelsobjekt zu bezeichnen wäre.

D. Verschiedene Wässer.

U. A. **923/97.** Teichwasser. Von auswärts war ein Teichwasser eingeliefert worden mit der Angabe, es sei durch Schweinfurter Grün vergiftet. In der That waren in dem Wasser feine grüne Massen vertheilt. Dieselben enthielten indessen keine Spur von Arsen, sondern bestanden aus der Alge Anabaena.

U. A. **1412/97.** Brunnenwasser. Das Wasser eines neuerbohrten Brunnens auf dem Grundstück eines auswärtigen Genesungshauses ergab folgendes Resultat. In 1 Liter:

Trocken-Rückstand	0,307 gr	Ammoniak	
Glüh-Verlust	0,070 ,,	Salpetersäure	vorhanden.
Glüh-Rückstand	0,237 ,,	Salpetrige Säure	
Chlor	0,01 ,,	Verbrauch an Kaliumpermanganat 0,0444 gr	

P. St. = Canalwasser aus dem Sandfang der Haupt-Pumpstation am Zehndelberge. **Entw. Gr. Ransern** = Rieselwasser aus dem Hauptentwässerungsgraben oberhalb der Pumpstation Ransern. **Entw. Gr. Osw. R.** = Rieselwasser aus dem Haupt-Entwässerungsgraben von der Oswitz-Ransener Grenze.

In 1 Liter Wasser sind enthalten:	April 1897			Mai 1897			Juni 1897			Juli 1897			August 1897			September 1897		
	P. St.	Entw. Gr. Rans.	Osw. R.	P. St.	Entw. Gr. Rans.	Osw. R.	P. St.	Entw. Gr. Rans.	Osw. R.	P. St.	Entw. Gr. Rans.	Osw. R.	P. St.	Entw. Gr. Rans.	Osw. R.	P. St.	Entw. Gr. Rans.	Osw. R.
Suspendirte Stoffe	0,3168	0,0216	0,008	0,5648	0,0572	0,0356	0,2848	0,0488	0,0216	0,2712	0,0240	0,0056	0,2796	0,0056	0,0040	0,2432	0,0344	0,0240
organische Stoffe	0,2160	—	—	0,3992	—	—	0,1992	—	—	0,1760	—	—	0,2012	—	—	0,1736	—	—
anorganische =	0,1008	—	—	0,1656	—	—	0,0984	—	—	0,0952	—	—	0,0784	—	—	0,0696	—	—
Gelöste Stoffe	0,9700	0,5436	0,5552	0,9144	0,5360	0,5736	0,6224	0,5424	0,4200	0,5848	0,5862	0,5800	0,6816	0,4832	0,5232	0,7464	0,5256	0,5340
organische Stoffe	0,2172	0,0656	0,0432	0,2512	0,0432	0,0800	0,1152	0,0688	0,0656	0,1432	0,1144	0,0824	0,2120	0,0504	0,0728	0,1744	0,0600	0,0500
anorganische =	0,7528	0,4780	0,5120	0,6632	0,4928	0,4936	0,5072	0,4736	0,3542	0,4416	0,4720	0,4976	0,4696	0,4328	0,4504	0,5720	0,4656	0,4840
Chlor	0,2596	0,1000	0,1052	0,1754	0,1105	0,1105	0,1009	0,0939	0,0939	0,0859	0,1069	0,1105	0,1009	0,0869	0,0869	0,1243	0,0923	0,0959
Kieselsäure	0,0122	0,0132	0,0128	0,0118	0,0238	0,0125	0,0144	0,0150	0,0110	0,0166	0,0186	0,0230	0,0150	0,0243	0,0096	0,0749	0,0234	0,0200
Schwefelsäure	0,0718	0,0821	0,0930	0,0924	0,0844	0,0966	0,0628	0,0920	0,0644	0,0719	0,0815	0,0988	0,0678	0,0878	0,1016	0,0928	0,0808	0,0892
Salpetersäure	—	—	0,0157	—	0,0021	0,0061	—	0,0030	0,0112	—	—	0,0250	—	0,0066	0,0192	fehlt	0,0200	0,0233
Phosphorsäure	0,0173	—	—	0,0198	—	—	0,0095	—	—	0,0110	—	—	0,0099	—	—	0,0139	—	—
Ammoniak	0,0506	0,0132	0,0036	0,0859	0,0050	0,0027	0,0507	0,0056	0,0011	0,0467	0,0166	0,0026	0,0361	0,0033	0,0012	0,0465	0,0048	0,0387
Gesammt-Stickstoff	0,0573	0,0112	0,0082	0,0726	0,0085	0,0045	0,0581	0,0116	0,0112	0,0560	0,0245	0,0154	0,0458	0,0043	0,0058	0,0503	0,0134	0,0426
Calciumoxyd	0,0876	0,0912	0,0850	0,0703	0,0577	0,0627	0,0815	0,0886	0,0910	0,0866	0,0856	0,0900	0,0879	0,0890	0,0884	0,1048	0'0850	0,0900
Magnesiumoxyd	0,0215	0,0204	0,0189	0,0248	0,0374	0,0398	0,0232	0,0200	0,0198	0,0208	0,0189	0,0201	0,0193	0,0190	0,0217	0,0237	0,0187	0,0194
Eisenoxyd und Thonerde	0,0018	0,0047	0'0024	0,0029	0,0074	0,0051	0,0018	0,0040	0,0040	0,0013	0,0198	0,0028	0,0013	0,0050	0,0120	0,0008	0,0058	0,0068
Gesammt-Härte	7,9°	9,9°	10,2°	9,08°	9,80°	10,06°	9,16°	9,44°	9,55°	9,05°	9,57°	9,88°	8,71°	10,9°	8,63°	12,6°	11,6°	11,22°
Bleibende Härte	5,4°	4,75°	5,25°	6,31°	5,84°	6,44°	4,81°	5,68°	4,50°	5,23°	6,24°	6,85°	2,72°	4,65°	5,17°	7,1°	6,14°	6,05°
KMnO₄-Verbr. f. 1 Litr. Wasser	0,2659	0,0383	0,0333	0,4256	0,0381	0,0383	0,2976	0,0396	0,0476	0,4045	0,0790	0,0418	0,2426	0,0300	0,0300	0,2275	0,0291	0,0253

In 1 Liter Wasser sind enthalten:	October 1897			November 1897			December 1897			Januar 1898			Februar 1898			März 1898		
	P. St.	Entw. Gr. Rans.	Osw. R.	P. St.	Entw. Gr. Rans.	Osw. R.	P. St.	Entw. Gr. Rans.	Osw. R.	P. St.	Entw. Gr. Rans.	Osw. R.	P. St.	Entw. Gr. Rans.	Osw. R.	P. St.	Entw. Gr. Rans.	Osw. R.
Suspendirte Stoffe	0,3632	0,0128	0,0152	0,2712	0,0496	0,0400	0,4616	0,0656	0,0424	0,4680	0,0512	0,0436	0,3088	0,0072	0,0040	0,4296	0,0152	0,0504
organische Stoffe	0,2392	—	—	0,1728	—	—	0,3272	—	—	0,3440	—	—	0,2280	—	—	0,3136	—	—
anorganische =	0,1240	—	—	0,0984	—	—	0,1344	—	—	0,1240	—	—	0,0808	—	—	0,1160	—	—
Gelöste Stoffe	0,6728	0,5464	0,5656	0,5979	0,5888	0,5544	0,9800	0,5536	0,5728	0,7080	0,5384	0,5560	0,7976	0,5736	0,5600	0,6680	0,5656	0,5320
organische Stoffe	0,0400	0,0576	0,0896	0,0808	0,0760	0,0616	0,1636	0,0664	0,0784	0,1560	0,0576	0,1488	0,1784	0,0736	0,0816	0,0800	0,0552	0,0318
anorganische =	0,6328	0,4888	0,4760	0,5168	0,5128	0,4928	0,8164	0,4872	0,4944	0,5528	0,4808	0,4072	0,6192	0,5000	0,4784	0,5880	0,5104	0,5002
Chlor	0,1426	0,1047	0,1061	0,1172	0,1065	0,0994	0,2683	0,1052	0,0972	0,1297	0,1069	0,1034	0,1666	0,1052	0,1026	0,1232	0,0845	0,0968
Kieselsäure	0,0260	0,0176	0,0248	0,0093	0,0058	0,0104	0,0637	0,0387	0,0552	0,0327	0,0362	0,0190	0,0206	0,0140	0,0198	0,0163	0,0142	0,0116
Schwefelsäure	0,0879	0,0865	0,0917	0,0916	0,0708	0,0832	0,0898	0,0917	0,1016	0,1027	0,0953	0,1004	0,0898	0,0987	0,0928	0,1006	0,0994	0,0950
Salpetersäure	fehlt	0,0120	0,0180	fehlt	fehlt	0,0016	—	—	0,0257	—	—	0,0242	—	Spuren	0,0250	—	0,0200	0,0200
Phosphorsäure	0,0246	—	—	0,0057	—	—	0,0205	—	—	0,0196	—	—	0,0214	—	—	0,0192	—	—
Ammoniak	0,0600	0,0053	0,0031	0,0255	0,0136	0,0102	0,0930	0,0132	0,0053	0,0748	0,0064	0,0039	0,0766	0,0062	0,0075	0,0823	0,0052	0,0066
Gesammt-Stickstoff	0,0550	0,0098	0,0109	0,0539	0,0476	0,0315	0,0922	0,0160	0,0051	0,0813	0,0120	0,0113	0,0929	0,0167	0,0178	0,0805	0,0105	0,0105
Calciumoxyd	0,0840	0,0896	0,0882	0,1037	0,0956	0,0960	0,0586	0,0942	0,0937	0,0826	0,0952	0,0934	0,0844	0,1134	0,1230	0,0830	0,0950	0,0913
Magnesiumoxyd	0,0221	0,0199	0,0216	0,0175	0,0208	0,0207	0,0245	0,0208	0,0225	0,0235	0,0205	0,0208	0,0224	0,0204	0,0180	0,0220	0,0209	0,0207
Eisenoxyd und Thonerde	0,0006	0,0032	0,0024	0,0009	0,0140	0,0020	0,0033	0,0032	0,0041	0,0022	0,0122	0,0032	0,0010	0,0050	0,0060	0,0033	0,0048	0,0092
Gesammt-Härte	8,96°	10,5°	11,0°	12,0°	10,20°	10,42°	10,36°	12°	12,72°	13,00°	12,06°	12,70°	11,00°	11,18°	11,20°	10,00°	11,00°	12,52°
Bleibende Härte	3,00°	4,5°	5,52°	5,66°	5,0°	5,83°	5,0°	5,8°	5,89°	5,35°	6,03°	6,70°	4,74°	5,36°	5,50°	5,00°	6,00°	5,90°
KMnO₄-Verbr. f. 1 Ltr. Wasser	0,2212	0,0316	0,0316	0,2338	0,0379	0,0328	0,2622	0,0447	0,0410	0,2272	0,0238	0,0277	0,2560	0,0306	0,0356	0,2393	0,0245	0,0245

Da die mikroskopische Untersuchung die Anwesenheit reichlicher Mengen Beggiatoa zeigte, so wurde die Lokal-Besichtigung ausgeführt. Diese ergab, dass der Brunnen selbst in versumpftem Terrain angelegt war, dass aber ausserdem in nächster Nähe eine nachweislich undichte Senkgrube vorhanden war.

Ein zweiter, etwas oberhalb an einer Anhöhe liegender Brunnen, welcher auf reinerem Terrain lag und nicht von der Senkgrube beeinflusst werden konnte, ergab einen Verbrauch von 0,0107 gr Kaliumpergamanat.

U. A. 1488/97. Kohlensaures Badewasser. Aus dem Breslauer Hallenschwimmbad gelangten zwei Proben kohlensauren Badewassers, und zwar eine Probe, welche bei mittlerer Temperatur mit Kohlensäure gesättigt worden war, und eine Probe des nämlichen Wassers, nachdem es auf 37^0 C. (Bluttemperatur) erhitzt worden war, zur Untersuchung. Die Bestimmung der Kohlensäure ergab folgende interessante Werthe:

In 1 Liter sind enthalten	Probe I bei 15^0 C. gesättigt	Probe II auf 37^0 C. erhitzt
Kohlensäure CO_2	1,813 g	0,9526 g

Da Wasser von 14^0 C. = 1,958 g Kohlensäure, Wasser von 37^0 C. aber pro Liter = 0,9771 g Kohlensäure aufzunehmen vermag, so ergiebt sich für Probe I eine Sättigung von 93 Procent, für Probe II aber eine solche von 97 Procent der theoretisch möglichen Menge. Das Badewasser war nach dem Bloch'schen Verfahren dargestellt.

U. A. 154/98. Zinkhaltiges Leitungswasser. Wir hatten in unserem Jahresberichte für 1896/97 auf S. 64 unter U. A. 1728/96 über eine tödtlich verlaufene Bleivergiftung berichtet, welche auf die Bleirohrleitung eines Forsthauses zurückgeführt worden war. Infolge dieses traurigen Ereignisses war die Leitung ausgewechselt und durch eine neue Leitung ersetzt worden.

Nachdem diese installirt worden war, wurden wiederum Klagen über das Wasser laut. Dasselbe trübte sich beim Erhitzen. Die Untersuchung bestätigte die Richtigkeit dieser Beobachtung, und zwar ergab es sich, dass die Trübung im Wesentlichen aus Zinkcarbonat bestand.

In 1 Liter des Wassers waren enthalten:

Trocken-Rückstand . . . 0,1312 g	Zinkoxyd . . . . 0,05 g
Glühverlust. . . . . . 0,008 ⸰	Chlor . . . . 0,0123 ⸰
Glührückstand. . . . . 0,1232 ⸰	Salpetersäure $N_2 O_5$ . . . 0,0114 ⸰
Calciumoxyd . . . . . 0,0068 ⸰	Verbrauch an Kalium-
Magnesiumoxyd . . . . Spur	permanganat 0,0111

Es stellte sich nun heraus, dass die betreffende Verwaltung eine neue Leitung aus verzinnten Eisenrohren bestellt, dafür aber eine solche aus verzinkten Eisenrohren geliefert erhalten hatte. Da über die Wirkung des dauernden Genusses kleinerer Mengen von Zinksalzen die Meinungen noch getheilt sind, wurde die Beseitigung auch dieser Leitung empfohlen.

U. A. 452/98 Brunnen-Vergiftung. Ein Landstreicher sollte in einem Gebirgsdorfe einen Brunnen zu vergiften versucht haben. Das Wasser roch deutlich nach Jodoform. Es ergab sich folgender Sachverhalt: Der Beschuldigte gebrauchte gegen ein Halsleiden eine wässerige Anschüttelung von Jodoform, welches er in grösseren Mengen in einer Schnapsflasche mit sich führte. Diese Flasche füllte er gelegentlich mit Wasser, um sich so sein Mittel zu bereiten. Eine solche Füllung mit Wasser hatte er in der Weise vorgenommen, dass er die das Jodoform in Substanz enthaltende Schnapsflasche in den Laufbrunnen eintauchte, wobei kleine Mengen Jodoform in den Brunnen gelangten.

Knollenbildung in eisernen Leitungsrohren.

Es ist eine schon vielfach beobachtete Thatsache, dass es in eisernen Wasserleitungsrohren zur Bildung von bisweilen recht umfangreichen Knollen kommt, welche die Lumina der Röhren beträchtlich verengern und auch sonst zu Unzuträglichkeiten führen. — Diese Knollen bestehen im Wesentlichen aus Eisenhydroxyd.

Für die Entstehung dieser Knollen ist bisher eine befriedigende Erklärung nicht gegeben worden. Man ist geneigt gewesen, anzunehmen, dass dieselben Eisenverbindungen darstellen, welche durch Sedimentation aus dem Leitungswasser in den Rohren sich absetzen. Ferner hat man eine Erklärung dadurch zu finden geglaubt, dass man annahm, in dem Leitungssystem lebten eisenspeichernde Algen, welche das Eisen aus dem Wasser aufsammeln und wieder ablagern. Gegen diese beiden Auffassungen lassen sich gewichtige Bedenken geltend machen.

Wir hatten Gelegenheit, uns mit einem solchen Falle näher zu beschäftigen, und glauben, diesen Vorgang seiner Erklärung näher gebracht zu haben.

Im Jahre 1895 war von einem Fabrikbesitzer im schlesischen Gebirge eine Wasserleitung gelegt worden, nachdem das für diese in Aussicht genommene Wasser diesseits untersucht worden war und nachstehende Ergebnisse (für 1 Liter) geliefert hatte.

Trocken-Rückstand	. 0,0908 g	Ammoniak	0,0001 g
Glüh-Rückstand	. . 0,0860 =	Verbrauch an Kalium-	
Glüh-Verlust	0,0048 =	permanganat . . .	0,001 =
Chlor.	0,00005 =	Eisen scheidet sich auch nach	
Salpetersäure	0,0010 =	längerem Stehen nicht ab.	

Nachdem die Leitung etwa zwei Jahre im Gebrauch gewesen war, stellte es sich heraus, dass sich in den Rohren Knollen von mehr als 1 cm Höhe gebildet hatten. — Da es nach unserer Kenntniss des zugeführten Wassers unmöglich erschien, dass diese Knollen durch Sedimentation von gelösten Eisenverbindungen aus dem Wasser gebildet worden waren, da andererseits Crenothrix in den Knollen nicht nachgewiesen werden konnte, so musste die Ursache ausserhalb der erwähnten beiden Möglichkeiten liegen. Es wurde daher zunächst zur Analyse der Knollen geschritten. Dieselbe ergab im lufttrockenen Zustande folgende Werthe:

Kieselsäure SiO_2 .	6,76 %	= Si	3,16 %
Eisenoxyd Fe_2O_3 .	68,16 =	= Fe 47,75 =	
Glüh-Verlust . .	24,16 =		
Phosphorsäure . .	0,563 =	= P	0,25 =

Nimmt man an, dass Eisen, Silicium und Phosphor als Metalle zugegen sind, so berechnen sich als die Zusammensetzung eines solchen Metalles folgende Procent-Werthe:

Silicium	6,17 %
Eisen	93,33 =
Phosphor	0,50 =

Dies ist aber annähernd die Zusammensetzung des Gusseisens. Hieraus geht hervor, dass die Knollenbildung in diesem Falle nicht durch Sedimentirung von Eisenverbindungen aus dem Wasser, auch nicht durch Organismen zu Stande kam, sondern dass sie einfach durch Rosten der Eisenröhren bedingt wurde.

Wir haben inzwischen den Gegenstand weiter verfolgt und sind zu Beobachtungen gelangt, welche diese Auffassung bestätigen.

Wir behalten uns vor, über diesen Gegenstand demnächst ausführlichere Mittheilungen zu machen.

Forensische bezw. toxicologische Untersuchungen.

U. A. 568/97. Arsenik-Vergiftung. Ein fünfjähriges Mädchen war ohne erkennbare Ursache plötzlich verstorben. Die Untersuchung ergab, dass Vergiftung durch Arsenik vorlag. Gefunden:

A. In 295 g Magen, Zwölffingerdarm, Mageninhalt und Speiseröhre $= 0{,}757$ g arsenige Säure $As_2 O_3$.

B. In 90 g Blut, Milz, Leber, Nieren $= 0{,}002$ g $As_2 O_3$.

U. A. 704/97. Alkohol-Vergiftung? Eine erwachsene Frau war verstorben; es bestand der Verdacht, dass der Tod infolge Alkoholgenusses eingetreten war. Die Untersuchung bestätigte diesen Verdacht nicht. Gefunden:

A. In 200 g Magen, Mageninhalt, Speiseröhre, Zwölffingerdarm nebst Inhalt 0,14 g absoluter Alkohol.

B. In 64 g Blut, Stücke der Leber und Nieren 0,06 g.

C. In 14 g Urin Spuren von Alkohol.

Der mitgetheilte Befund machte eine Vergiftung durch Alkohol nicht wahrscheinlich.

U. A. 729/97. Vergiftung durch Natronlauge. Ein Kind war infolge Genusses von Natronlauge verstorben, nachdem es vorher ärztlich behandelt worden war. Die Untersuchung bot, da alkalische Reaction überhaupt nicht bestand, von vornherein wenig Aussicht auf Erfolg. Es wurde indessen versucht, den Nachweis zu führen, ob etwa die Natronsalze im Verhältniss zu den Kalisalzen vermehrt seien.

Krause A. Magen und Darm. Die flüssigen Antheile wurden gesondert von den festen Antheilen verarbeitet.

Das Verhältniss des Natriumoxyds $Na_2 O$ zum Kaliumoxyd $K_2 O$ wurde gefunden

A. In den flüssigen Antheilen wie 100 : 112,4.

B. In den festen Organtheilen wie 100 : 85,6.

C. Im Durchschnitt des Inhaltes wie 100 : 105,5.

Krause B. Blut, Theile der Lunge, Leber, Milz, Nieren, Herz.

Verhältniss von $Na_2 O$ wie $K_2 O$ wie 100 : 126,7.

Demnach zeigte der Ausfall dieser Bestimmung, dass Natronlauge ausserordentlich schnell ausgeschieden wird und dass eine Vergiftung durch Natronlauge chemisch nicht mehr nachweisbar ist, wenn das Gift aus den ersten Wegen entfernt worden ist. Die Ergebnisse decken sich mit unseren früher bereits mitgetheilten Beobachtungen und Zahlen.

U. A. 769/97. Tod in der Chloroform-Narkose. Eine Frau war während einer schweren Operation, welche in Chloroform-Aether-Narkose ausgeführt worden war, verstorben. Die Bestimmung des Chloroforms ergab folgende Zahlen:

A. Aus 1930 g Magen, Zwölffingerdarm, Speiseröhre nebst Inhalt Spur Chloroform.

B. Aus 1370 g Lunge, Herz und Herzblut 0,0026 g Chloroform.

C. Aus 1970 g Leber, Milz, Nieren   0,0003 *   *

D. Aus 1160 g Gehirn   0,0007 *   *

Die Untersuchung wurde nach der Methode von Schmiedeberg-Ludwig ausgeführt.

U. A. 899/97. Codeïn-Vergiftung. Aus 300 g des Verdauungskanals einer Frau, welche verdächtig war, infolge künstlichen Abortus gestorben zu sein, wurde eine Menge Codeïn abgeschieden, welche 0,006 g Codeïnphosphat entsprach. Indessen liess sich nachweisen, dass die Verstorbene vor ihrem Tode Codeïnphosphat als Arznei erhalten hatte.

U. A. 884/97. Arsenik-Vergiftung. Ein Kutscher hatte mit seinen Angehörigen zusammen Kuchen gegessen und war bald darauf verstorben, während bei seinen Angehörigen nicht einmal Vergiftungserscheinungen sich einstellten. Die Section hatte ergeben: Herzleiden sowie acuten Magen- und Darmkatarrh. Nach der chemischen Untersuchung lag Arsenik-Vergiftung vor. Es wurde gefunden:

A. In 690 g Magen, Darm, Speiseröhre nebst Inhalt 0,426 g arsenige Säure = $As_2 O_3$.

B. In 640 g Leber, Herz, Milz, Nieren und Blut 0,150 g arsenige Säure = $As_2 O_3$.

Es hat sich nicht feststellen lassen, wie der Arsenik auf den Kuchen gelangt ist.

U. A. 1073/97. Tod in der Bromoform-Narkose. Gelegentlich einer in der Bromoform-Narkose ausgeführten Zahn-Extraktion war eine ältere Dame plötzlich verstorben.

Zur Untersuchung gelangten die Leichentheile der Verstorbenen, sowie das zur Narkose verwendete Bromaethyl.

Es wurde wie bei dem Nachweis des Chloroforms ein Luftstrom durch die Organtheile, hierauf durch ein glühendes Glasrohr und schliesslich in Silbernitratlösung geleitet. Der Niederschlag wurde mit Kalium-Natriumcarbonat geschmolzen und in der Lösung etwa vorhandenes Brom nach dem Ansäuern mit verdünnter Schwefelsäure durch Zugabe von etwas rauchender Salpetersäure durch Ausschütteln mit Chloroform nachzuweisen versucht. Der Nachweis von Brom gelang: a. In Herz, Lungen und Blut aus diesen Organen, b. im Gehirn. Dagegen konnte Brom nicht nachgewiesen werden: in Speiseröhre, Magen, Darm und Inhalt, sowie in Leber, Niere und Milz.

Das Bromaethyl erwies sich, wie zu erwarten war, als völlig rein und unzersetzt.

U. A. 1144/97. Alkohol-Vergiftung? Ein Säugling war angeblich durch Einflössen von Alkohol getötet worden und zwar sollte ihm dieser durch einen mit Schnaps befeuchteten Saugpfropfen beigebracht worden sein. Zur Untersuchung gelangte der Saugpfropfen 14 Tage nach dem Tode des Kindes. Er wurde sogleich nach dem Eintreffen in das diesseitige Amt in ein mit Wasser beschicktes Kölbchen gethan und die Untersuchung sogleich begonnen. Natürlich war das Ergebniss negativ, die kleine Menge Alkohol, welche der Pfropfen vielleicht enthalten hatte, war innerhalb der 14 Tagen längst verdunstet.

U. A. 1484/97. Ammoniakvergiftung? Ein Kind war angeblich durch Einflössen von Ammoniak zu Grunde gegangen. Die Organtheile waren bei der Einlieferung bereits in beginnender Fäulniss begriffen und reagirten amphoter. Trotzdem die Untersuchung wenig Aussicht auf Erfolg versprach, so wurde sie doch ausgeführt und zwar wurde das bei der Destillation mit Wasserdampf allein und das bei der Destillation mit Wasserdampf unter Zusatz von Magnesia abgespaltene Ammoniak bestimmt.

No. der Krause	Gewicht der Organtheile	Reaction ist	In Arbeit genommen	Erhalten durch direkte Destillation			Erhalten durch Destillation m. Magnesia			100 g Organtheile enthalten NH_3	
				Platin-salmiak	Am-moniak	NH_3 der ganzen Krause	Platin-salmiak	Am-moniak	NH_3 der ganzen Krause	direct	mit Magnesia
I	370,0	amphoter	180,0	0 9664	0,076	0,156	4,240	0,325	0,666	0,042	0,18
II	350,0	amphoter	180,0	0,2900	0,022	0,043	0,995	0,076	0,152	0,011	0,043
III	435,0	amphoter	200,0	0.4444	0,034	0,074	0,535	0,041	0.089	0,017	0,02
IV	1060,0	schwach sauer	500,0	0.0900	0,007	0,015	0,903	0.069	0,147	0,0014	0,014
						Sa. 0,288					

I. Magen, Darm und Inhalt. II. Herz, Lungen, Blut. III. Milz, Leber, Nieren. IV. Gehirn.

Es wurde nun, um festzustellen, welche Mengen Ammoniak bei dem Zerfall des Eiweisses entstehen können, 150 g Fischfleisch a) direkt mit Wasserdampf, b) unter Zusatz von Magnesia destillirt, nachdem es 3 Tage lang bei Zimmertemperatur gelegen hatte.

direkt destillirt   mit Magnesia destillirt

100 g Fischfleisch giebt nach dreitägigem Liegen

Ammoniak NH_3 0,0204   0,083

Hiernach konnte die Möglichkeit nicht von der Hand gewiesen werden, dass die in den Organtheilen gefundenen Mengen Ammoniak lediglich vom Zerfall des Eiweisses herrühren.

U. A. 1652/97. Vergiftung durch Arsenwasserstoff. In einer oberschlesischen Fabrik war ein Arbeiter, während er saure Laugen mit Zinkstaub versetzte, plötzlich unwohl geworden und nach mehreren Tagen im Krankenhause verstorben. Das klinische Krankheitsbild sowie die Sektion sprachen dafür, dass eine Vergiftung durch Arsenwasserstoff stattgefunden habe.

Bei der diesseits ausgeführten Untersuchung der Organtheile waren wir uns von vornherein klar darüber, dass es sich um einen principiell wichtigen Fall handele. Unter allen Umständen musste das Ergebniss dieser Untersuchung einen Beitrag zu der Frage liefern, ob tödtliche Mengen von Arsenwasserstoff sich überhaupt noch in der menschlichen Leiche nachweisen lassen.

Wir haben daher bei der ganzen Untersuchung jede Möglichkeit, durch welche Arsen fälschlich gefunden werden konnte, nach Möglichkeit ausgeschlossen und sind schliesslich zu dem Ergebniss gelangt, dass in unserem Falle, trotzdem Arsenwasserstoff-Vergiftung klinisch sicher gestellt war, Arsen sich nach den heute üblichen Methoden nicht nachweisen liess. Und doch ist es bekanntlich leichter, Arsenspiegel zu erhalten, als dieselben völlig zu vermeiden.

U. A. 1872/97. Carbolsäure-Vergiftung. Betrifft einen Fall, in welchem eine Vergiftung durch Carbolsäure klinisch sicher gestellt ist. Eine erwachsene Frau hatte in Folge Arznei-Verwechselung einen Löffel 90 procentige Carbolsäure verschluckt und war nach erfolgter ärztlicher Behandlung verstorben.

Bei der Untersuchung wurden Destillate der Organtheile erhalten, welche nicht deutlich nach Carbolsäure rochen.

Aus den Ausschüttelungen dieser Destillate liess sich eine Bromverbindung darstellen, welche dem Tribromphenol (Schmelzpunkt 95⁰ C.) ähnlich war und bei 92⁰ C. schmolz. Wurde diese Substanz auf Phenol umgerechnet, so kam man zu folgenden Werthen für das Phenol:

Aus 2430 g Magen, Darm	0,62 g Carbolsäure	
„ 1250 „ Lunge, Herz, Blut	0,04 „	„
„ 2600 „ Leber, Milz, Blut	0,15 „	„
	Summa 0,81 g Carbolsäure	

Ein solches Ergebniss ist nach unserer Auffassung nicht als Nachweis einer stattgehabten Carbolsäure-Vergiftung aufzufassen. Nach unseren langjährigen Erfahrungen erfolgt die Resorption der eingeführten Carbolsäure überhaupt äusserst schnell, und wo Carbolsäure noch in Substanz in den ersten Wegen aufgefunden worden ist, da müssen die eingeführten Mengen sehr grosse oder die Bedingungen für die Resorption sehr ungünstige gewesen sein. Ein Beweis dafür ist der folgende Fall.

Vergiftung durch Kreosot. Ein etwa 40 Jahre alter Mann hatte in selbstmörderischer Absicht ein Fläschchen Morphiumtropfen, ferner etwa 100 Stück Kreosotkapseln zu je 0,1 g Kreosot eingenommen. Er wurde bewusstlos, kam in das Krankenhaus, erhielt hier noch Atropin und starb etwa 5—6 Stunden nach Einnehmen des Giftes. Das Vergiftungsbild war dasjenige einer Carbolsäure- bezw. Kreosot-Vergiftung.

Aus bestimmten Ursachen konnte die Untersuchung nicht zu Ende geführt werden, indessen wurde doch der Weg des Kreosots verfolgt, wobei bemerkt sei, dass der Verfasser dieses Berichtes der Sektion beiwohnte.

Bei der Eröffnung des Magens roch der Mageninhalt, in welchem fettige Tröpfchen schwammen, deutlich nach Kreosot. Die fettigen Tröpfchen indessen erwiesen sich als fettes Oel, welches den Arzneikapseln entstammte. Aus dem Mageninhalt liess sich nur etwa 0,2 g Kreosot abscheiden.

Ebenso roch das Blut deutlich nach Kreosot. Aber die aus diesem abscheidbare Menge Kreosot war nur gering, etwa 0,1 g.

Die Hauptmenge des Kreosots fand sich im Urin als Aetherschwefelsäure. Es wurden etwa 1,5 g Kreosot aus dem Urin abgeschieden.

In welchen Theilen des Organismus der Rest des Kreosots geblieben ist, entzieht sich unserer Kenntniss. So viel aber geht aus dem Mitgetheilten hervor, dass die Ausscheidung des Kreosots und wohl der Phenole überhaupt eine ausserordentlich rasche ist.

U. A. 1961/97. Phosphor-Vergiftung. Eine Dienstmagd war geständig, ihr 8 Tage altes Kind durch Beibringung der Köpfe von etwa 6 Phosphor-Zündhölzern vergiftet zu haben. Die Untersuchung, welche erst 9 Monate nach dem Tode ausgeführt wurde, ergab zwar nicht die Anwesenheit von Phosphor oder dessen ersten Oxydationsprodukten, wohl aber die Gegenwart einer Spur Blei, welche muthmasslich aus den in jener Gegend gebräuchlichen Zündhölzern stammte.

U. A. 33/98. Arsenik-Vergiftung. Eine erwachsene Frau war plötzlich verstorben. Die Untersuchung ergab Vergiftung durch Arsenik. Es wurden gefunden:

— 62 —

In 2 270 g Magen, Darm nebst Inhalt   0,400 g $As_2 O_3$

„ 1 290 „ Lungen, Herz, Blut   0,037 „   „

„ 1 920 „ Milz, Nieren, Leber   0,087 „   „

„ 1 310 „ Gehirn   0,023 „   „

U. A. 481/98. Arsenik-Vergiftung. Ein 70 jähriger Mann erkrankte gegen Mittag unter Erbrechen und Durchfall und verstarb nach etwa 10 Stunden. Die Untersuchung ergab Vergiftung durch Arsenik. Es wurden gefunden:

In 630 g Magen und Darm   0,135 g $As_2 O_3$

„ 430 „ Leber, Milz, Nieren   0,031 „   „

„ 15 „ Urin   Spur.

U. A. 318/98. Arsenik-Vergiftung. Ein zwei Jahre alter Knabe hatte von dem herausgekratzten pulverigen Inhalt einer alten Flasche gekostet und war kurze Zeit darauf verstorben. Nach dem Sektionsprotokoll sollte Vergiftung durch Blausäure vorliegen. Die chemische Untersuchung aber ergab die Anwesenheit von Arsenik. Es wurden gefunden:

In 130 g Nieren, Leber   0,0031 g $As_2 O_3$

„ 25 „ Herzblut   qualitativ nachgewiesen

„ 132 „ Magen und Darm   desgl.

Woher das Arsenik stammte, bezw. wie das Kind zu dem Gifte gekommen ist, hat sich nicht nachweisen lassen.

U. A. 625/98. Arsenik-Vergiftung. Ein 4 Tage altes aussereheliches Kind war unter der Pflege der Mutter und Grossmutter gestorben. Die Untersuchung ergab die Anwesenheit von Arsenik. Es wurden gefunden:

In 3 g Magen   0,0295 g $As_2 O_3$

„ 190 „ innerer Organe   0,0245 „   „

Im Magen war noch ein Körnchen weisser Arsenik aufzufinden. Da sich nicht erweisen liess, ob die Vergiftung von der Mutter oder Grossmutter ausgeführt war, wurden beide Angeklagte freigesprochen.

U. A. 1606/97. Vergifteter Hafer. Eine Probe von Hafer, mit welchem muthmasslich Thiere vergiftet worden waren, erwies sich als mit rund 10 Procent Chile-Salpeter versetzt. — Da uns solche Fälle, in denen Chile-Salpeter in böswilliger Absicht zum Vergiften werthvoller Thiere benutzt worden ist, in unserer Praxis schon wiederholt vorgekommen sind, so möchten wir den Landwirthen dringend empfehlen, ihre Vorräthe von Chile-Salpeter unter sorgfältigem Verschluss zu halten.

U. A. 1681/97. Morphin-Arznei. Eine Arznei, welche im Verdachte stand, eine Morphin-Vergiftung herbeigeführt zu haben, sollte auf ihren Gehalt an Morphin untersucht werden. Das Recept lautete: Morphini hydrochlorici 0,1, Sirupi Althaeae 60,0. Zur Bestimmung wurde das Morphin zunächst aus der alkalischen Flüssigkeit ausgeschüttelt, nach dem Trocknen gewogen, schliesslich mit $^1/_{50}$ Normal-Säure und $^1/_{100}$ Normal-Alkali unter Benutzung von Cochenille als Indikator titrirt. Wägung und Titration stimmten vortrefflich überein. Gefunden wurde die Zusammensetzung der Arznei zu Morphini hydrochlorici 0,09, Sirupi Althaeae 60,0.

U. A. 2168/97. Spermatozoën. In einer Strafsache wegen Nothzucht gelang der Nachweis von Sperma sowohl nach dem damals kurz vorher veröffentlichten Verfahren von Florence, als auch durch die Auffindung unverletzter Spermatozoën. Das Auffinden des letzteren wird ganz wesentlich erleichtert dadurch, dass ihre Färbung und zwar entweder mit Fuchsin oder besser noch mit Haematoxylin-Lösung ausgeführt wird.

Gebrauchsgegenstände.

Unter den »Gebrauchsgegenständen« bedürfen namentlich die aus Zinn-Bleilegirungen hergestellten einer besonders aufmerksamen Controle. Diese gestaltet sich für uns allerdings von Jahr zu Jahr schwieriger. Dass die in diese Gruppe gehörenden Gegenstände in den Schaufenstern nur noch ausnahmsweise ausgestellt werden, haben wir schon in unserem letzten Berichte S. 57 erwähnt. Davon abgesehen aber wird es immer schwieriger, überhaupt Untersuchungsobjekte zu erhalten, weil die Angestellten des diesseitigen Amtes nachgerade den Verkäufern soweit bekannt sind, dass diese, wenn es irgend angeht, es nach Möglichkeit vermeiden, bei den periodisch angeordneten Ankäufen solche Gegenstände zu verkaufen.

Bierseidel. Im Ganzen wurden auf Requisition des Königlichen Polizei-Präsidii 20 Bierseidel angekauft. Von diesen mussten 14 (= 70 Proc.) wegen zu hohen Bleigehaltes beanstandet werden. Die gefundenen Bleigehalte waren folgende:

Gefunden	Blei in Procenten						
Im Deckel	1,24	5,80	3,64	—	9,95	—	44,32
In den Beschlägen	11,83*)	7,85	56,72	35,92	20,14	14,65	49,09
Gefunden	Blei in Procenten						
Im Deckel	8,41	9,64	17,32	6,31	14,32	19,42	4,53
In den Beschlägen	10,68*)	54,11	56,65	55,43	41,06	69,72	4,96
Gefunden	Blei in Procenten						
Im Deckel	Spur	12,23	5,0	Spur	Spur		
In den Beschlägen	8,86	9,20	6,0	18,10	14,67		

Triller-Pfeifen. Diese Gebrauchsgegenstände sind in dem Gesetz vom 25. Juni 1887 betr. den Verkehr mit blei- und zinkhaltigen Gegenständen nicht erwähnt, unterliegen daher den Bestimmungen dieses Gesetzes nicht.

Infolge einer Circular-Verfügung des Herrn Ministers des Innern sollte indessen festgestellt werden, in welchem Maasse die gegenwärtig im Handel befindlichen Trillerpfeifen bleihaltig sind. Einige Probe-Ankäufe ergaben folgende Gehalte an Blei:

Bleigehalt in Procenten: 86,85   83,92   82,21   2,07.

Obwohl das Nahrungsmittelgesetz die Handhabe bieten würde, gegen solche Fabrikate wegen Gesundheitsschädlichkeit einzuschreiten, so wurde doch von einer strafrechtlichen Verfolgung wegen Verkaufs solcher Trillerpfeifen zunächst abgesehen; dafür wurde von dem Königlichen Polizei-Präsidium eine Warnung betreffend den Verkauf dieser Gegenstände erlassen mit dem Hinweis darauf, dass der Gebrauch dieser Pfeifen unter Umständen Störungen der Gesundheit zur Folge haben könne und dass der Verkauf derselben gegen das Nahrungsmittelgesetz verstosse.

U. A. 576/97. Lampenschirm. In einem Falle, welcher im Zusammenhange stand mit dem in unserem vorigen Berichte S. 57 bereits mitgetheilten, wurde ein

---

*) Nicht beanstandet; dagegen wurden die erhaltenen Zahlen in dem Berichte angegeben.

grüner Lampenschirm nebst dem zur Herstellung desselben verwendeten Papier untersucht. Gefunden:

A. In dem grünen Papier pro 100 ☐ cm = 0,0065 g Arsen As.

B. In dem Lampenschirm pro 100 ☐ cm = 0,0076 g Arsen As.

Die Zahlen kommen den in unserem vorigen Berichte mitgetheilten sehr nahe.

Arsenhaltige grüne Lampenschirme sind nunmehr, weil dieselben nur aus der einen
Quelle (einer Fabrik in Sachsen) entstammten, im Breslauer Handel nicht mehr zu haben.

Von den übrigen der regelmässigen Controle unterliegenden Gebrauchsgegenständen
können wir mittheilen, dass dieselben kaum noch jemals Veranlassung zu Beanstandungen geben.

Tapeten mit arsenhaltigen Farben, deren Arsengehalt einen constituirenden
Bestandtheil einer Farbe bildet, sind aus dem Handel verschwunden. Auch die in
diesem Industriezweige verwendeten Theer- und Lackfarben werden von Jahr zu Jahr
in immer reinerem Zustande hergestellt, sodass Fälle, in denen ein zufälliger Arsengehalt zu Zweifeln in der Beurtheilung führt, gleichfals seltener werden.

Wachsstöcke und Lichte. Die Verwendung von Schweinfurter Grün zur Herstellung grüner Wachsdrähte und Lichte scheint ganz aufgehört zu haben. Die grüne
Färbung wird jetzt ausschliesslich durch grüne Theerfarbstoffe erzeugt.

Kochgeschirre für Kinder scheinen aus Bleilegierungen nicht mehr hergestellt
zu werden, an ihre Stelle sind Kochgeschirre aus emaillirtem Eisenblech getreten.

Kleiderstoffe haben auch im Berichtsjahre zu Beanstandungen nicht Veranlassung
gegeben. Dagegen wurde unser Rath in einigen Fällen deshalb in Anspruch genommen,
weil gewisse heliotropfarbige Damenstoffe nach kurzem Tragen an jenen Stellen, wo
das Kleid mit dem Strassenschmutz in Berührung gekommen war, grüne Verfärbung
angenommen hatten. Es hat sich feststellen lassen, dass hierfür der Gehalt des
Strassenschmutzes an Aetzkalk (welcher von Neubauten herrührt) verantwortlich zu
machen ist.

Seifen. *U. A. 575/98.* Von der in städtischen Anstalten verwendeten Seife
wurden folgende Proben untersucht und begutachtet:

A. Kernseifen.

	Wasser	Asche	Fettsäuren
I. Talgkernseife	15,92 %	17,30 %	72,10 %
II. Palmseife	12,14 °	18,10 °	73,90 °
III. Oranienburger Kernseife .	21,77 °	18,50 °	59,60 °

Von diesen Proben wurden I und II für etwa gleichwerthig, III wurde für
minderwerthig erklärt.

B. Schmierseifen.

	Wasser	Seife	Füllmaterial
I. Grüne Schmierseife . .	30 %	35 %	35 %
II. Braune Schmierseife . .	36 °	38 °	26 °

Beide Seifen waren gefüllt. Probe I enthielt Stärke und Seifenkorn, Probe II
lediglich Stärke.

Verschiedenes.

U. A. 1711/97. Germania-Sekt. Eine Anzahl Flaschen dieses Getränkes
(Preis pro Flasche 1 ℳ), welches versüssten und mit Kohlensäure imprägnirten Aepfelwein

darstellte, war zum Theil trübe geworden, zum Theil befand sich der Inhalt in schleimiger Gährung, sodass er eine steife Gallerte darstellte, welche aus den Gefässen nur in meterlangen Fäden herausbefördert werden konnte.

Das Getränk wurde als verdorben erklärt, indessen liess sich nach der ganzen Sachlage dem Verkäufer ein Verschulden nicht nachweisen,

U. A. 1910/97. Kirsch-Saft. Eine auswärtige Firma hatte an eine Breslauer Firma eine Probe Kirschsaft geliefert mit einem garantirten Gehalt von 8 Vol.-Proc. Alkohol. Der Käufer prüfte die Probe mittelst des Vaporimeters und fand angeblich einen Gehalt von 14,5 Vol.-Proc. Alkohol. Daraufhin bestellte er einen grossen Posten dieses Saftes. Als die Lieferung ankam, wurde sie wiederum untersucht und ergab nun einen Gehalt von 8,21 Vol.-Proc. Alkohol. Nunmehr versuchte der Käufer, dem Verkäufer einen Abzug zu machen, bezw. er stellte ihm die Lieferung zur Verfügung. Die vertretenen Standpunkte waren folgende:

Der Verkäufer war der Ansicht, er habe einen Saft mit 8 Proc. Alkohol garantirt und soviel enthalte seine Waare auch. Der Käufer war der Ansicht, er habe nach Muster gekauft und habe einen Saft mit 14,5 Proc. Alkoholgehalt zu verlangen. Er stellte sich vor, dass bei dem ersten Muster 8 Proc. Alkohol zugesetzt und 6,5 Proc. Alkohol durch Selbstgährung entstanden seien.

Der Gerichtshof kam schliesslich zu der Ansicht, dass ein Kirschsaft mit einem garantirten Gehalte von 8 Vol.-Proc. Alkohol auch nur 8 Proc. Alkohol zu enthalten brauche. Unserer Ueberzeugung nach ist der ganze Streitfall lediglich auf die beim Verkäufer erfolgte zufällige Verwechselung zweier Muster zurückzuführen.

U. A. 202/98. Palmin. Ein unter diesem Namen in Breslau eingeführtes Kunst-Speisefett erwies sich nach der Verseifungszahl 258,9 als Cocosfett.

U. A. 575/97. Verdorbenes Mehl. In einer Strafsache wurde von der Königlichen Staatsanwaltschaft eine Probe Weizenmehl im Gewichte von 57 g eingeliefert. Das Mehl war klümprig, durch Insektengespinnste zusammengeballt, auch waren lebende und todte Maden sowie Larven derselben, ferner thierische Exkremente zugegen.

Da es unthunlich erschien, ein Gutachten auf ein so kleines Muster hin abzugeben, wurde die auftraggebende Behörde unter Darlegung der Gründe um Uebersendung einer grösseren Menge des Mehles ersucht. — Es erfolgte hierauf die Uebersendung von 2,3 Kilogramm.

Aus dieser grösseren Menge konnten durch Absieben rund 15 Proc. Mehlklumpen abgetrennt werden, welche die nämlichen Verunreinigungen enthielten wie das kleine Muster. Das Mehl wurde infolgedessen als verdorben erklärt.

U. A. 422/97. Mais-Schrot. Eine Probe Mais-Schrot, von einer auswärtigen Staatsanwaltschaft übersendet, erwies sich als mit etwa 20 Proc. Hirse-Schrot verfälscht.

U. A. 822/97 u. 855/97. Pfefferkuchen. Bei der Revision der Verkaufsbuden gelegentlich zweier Kirchweihfeste wurde wiederholt eine grössere Anzahl von Packeten mit Pfefferkuchen vorgefunden, welcher vom Speckkäfer (Dermestes) völlig zerfressen war, in welchem auch noch lebende Exemplare dieses Käfers anzutreffen waren. Die Pfefferkuchen wurden als verdorben beanstandet.

Bei mehreren Packeten war das gelbe Papier der Umhüllung mit Bleichromat gefärbt, was natürlich gleichfalls beanstandet wurde.

U. A. 481/97. Eau de Cologne. Zwei Proben »Eau de Cologne« bezw. »Kölnisches Wasser«, welche von einem »Grossbazar« verkauft worden waren, wurden auf Grund des Gesetzes betr. den unlauteren Wettbewerb von der Königlichen Staatsanwaltschaft eingesendet. Es sollte festgestellt werden, ob denselben die obengenannten Bezeichnungen mit Recht beigelegt werden könnten.

Probe A. Weisse, oval-eckige Flasche, 40 ccm fassend, Preis 15 ₰. Enthielt eine nicht unangenehm riechende Flüssigkeit mit einem Alkoholgehalt von 34 Vol.-Proc. Es wurde empfohlen, bezüglich dieser Probe das Verfahren einzustellen, falls nicht eine Contravention gegen das Markenschutzgesetz vorliege.

Probe B. Grüne cylindrische Flasche, 84 ccm fassend, Preis 20 ₰. Der Inhalt stellt lediglich Wasser dar, welches mit Orangenblüthen, Lavendel- und Bittermandelöl parfümirt war. Unser Gutachten lautete dahin, dass dieser Flüssigkeit die Bezeichnung Eau de Cologne oder Kölnisches Wasser nicht zukomme.

Eine Entscheidung ist, soviel uns bekannt, in diesem Falle noch nicht erfolgt.

U. A. 165/98. Füllmasse für Trocken-Elemente. Zur Untersuchung gelangte eine weisse Füllmasse für Trocken-Elemente, welche sich für Klingel-Batterien und dergl. gut bewährt hat. Aeusserlich stellte sie eine weisse, undurchsichtige, zähe Masse dar. Die quantitative Untersuchung ergab folgende Werthe:

Schwefelsäure SO_3 . .	21,76 %	Ammoniak NH_3 . . .	3,73 %
Calciumoxyd CaO . .	16,29 =	Zinkoxyd ZnO . . .	16,00 =
Chlor Cl.	19,46 =	Wasser H_2O	22,76 =
			100,00 %

Nach diesen Zahlen berechneten wir die praktische Zusammensetzung der Masse wie folgt:

Calciumchlorid kryst. $CaCl_2 + 6H_2O$ . . . 30 %
Calciumchlorid granulirt. . . . . 30 =
Ammoniumsulfat. . . . . 15 =
Zinksulfat kryst. $ZnSO_4 + 7H_2O$ . . . . 25 =

Hiermit dürfte das Richtige getroffen sein, denn die Masse glich nicht nur äusserlich dem Original, sondern sie erwies sich auch in Batterien von gleicher Brauchbarkeit wie letzteres. Wir betonen letzteres desshalb, weil andere Umrechnungsarten nicht zu dem gleichen guten Ergebniss geführt haben.

U. A. 257/98. Mörtel-Untersuchung. Gelegentlich der polizeilichen Beanstandung eines Baues wurde eine Mörtelprobe zur Untersuchung gestellt.

Der ursprüngliche Mörtel ergab:		Der Glührückstand bestand aus	
Glührückstand	95,76	Kalk (CaO)	5,80
Wasser	1,75	Magnesia (MgO)	Spur
Kohlensäure	3,35	Kieselsäure (SiO_3)	1,26
		Sand	87,00
		Eisenoxyd u. Thonerde	1,80
			95,96 %

Unter der Annahme, dass feuchter Bau-Sand 6,24 Procent Wasser enthält und dass das Gewicht der Volumen-Einheit feuchten Bausandes = 1,5414 ist, dass ferner gelöschter Baukalk = 66,66 Procent Wasser enthält und dass das Gewicht eines

Volumens Baukalk = 1,328 ist, berechnet sich in diesem Falle das Verhältniss von Baukalk zu Sand wie 1 : 4,6. Der verwendete Sand war nicht Kies, sondern Schliefsand.

U. A. 150/98. Polsterhaar. In wiederholten Fällen wurde die Untersuchung von Polsterhaaren auf Beimengung von Pflanzenfasern beantragt. Diese gestaltet sich sehr einfach: Etwa 10 g des Polsterhaares werden mit Natronlauge von etwa 8 Procent NaOH erwärmt, wodurch die thierischen Haare völlig gelöst werden. Man wäscht die zurückgebliebenen Pflanzenfasern hintereinander mit Wasser, schwacher Salzsäure, Wasser, Alkohol, Aether, trocknet und wägt. Es wurde so in der Regel eine Beimischung von 25 Procent Palmbastfasern ermittelt.

U. A. 1720/97. Roheisen. Auch während des Jahres 1897/98 gelangten wiederum 2 Proben Roheisen und zwar »Russisches Koke-Giesserei-Roheisen« zur Untersuchung. Es wurden in allen Fällen Doppelbestimmungen und zwar jedesmal von zwei verschiedenen Chemikern ausgeführt. Die erhaltenen Resultate waren folgende:

Procente	Probe I	Mittel	Probe II	Mittel
Silicium	2,474 / 2,490	2,482	3,08 / 3,04	3,06
Schwefel	0,0214 / 0,0214	0,0214	0,0482 / 0,0434	0,0458
Phosphor	0,937 / 0,938	0,9375	0,1818 / 0,1824	0,1821
Mangan	0,2596 / 0,2596	0,2596	0,971 / 0,971	0,971
Kohlenstoff (Gesammt-)	3,13 / 3,17	3,15	3,75 / 3,77	3,76
Graphit	2,93 / 2,87	2,90	3,12 / 3,22	3,17
Kohlenstoff gebunden	—	0,25	—	0,59

U. A. 1654/97. Gaskohle. Eine auswärtige kleinere Gasanstalt hatte auf Grund einer Probelieferung, welche einige Zeit im Betrieb erprobt worden war, einen grösseren Abschluss von Kohlen gemacht. Die Lieferung entsprach aber den Erwartungen nicht, weil die Gasausbeute angeblich eine merkbar geringere war. Es wurde daher die Untersuchung der Kohlen beantragt und nach mündlicher Absprache auf die nachfolgenden Daten ausgedehnt:

	Probe-Kohle	Lieferungs-Kohle
Feuchtigkeit	2,20 %	2,49
Asche	2,873 ,,	2,387
Schwefel	0,706 ,,	0,738
Heizwerth in Calorien	8 339	8 300

Die beiden Proben wiesen demnach in den bestimmbaren Daten wesentliche Differenzen nicht auf. Eine Erklärung fand sich indessen schliesslich dadurch, dass die Probe-Vergasungen im Sommer während der heissesten Periode erfolgt waren, während die Beobachtungen an der Lieferungskohle in der kalten Jahreszeit bei einigen Kältegraden gemacht worden waren. — Da die Differenz in der Temperatur etwa 40° C. betrug, so ergiebt sie rechnerisch die Möglichkeit einer Volumen-Verminderung von 100 : 85.

U. A. 1009/97. Gasglühlichtkörper. In einer Strafsache handelte es sich um die Entscheidung folgender Fragen: Ein Schwindler, welcher sich Chemiker nannte und den Namen „Wöhler" adoptirt hatte, verkaufte an Interessenten Recepte für Gasglühlichtkörper, welche seiner Angabe nach nicht gegen die Auer'schen Patente verstiessen. Und zwar operirte er in der Regel zuerst mit einer Vorschrift, nach welcher ein Gemisch von Thornitrat und Titannitrat zum Imprägniren benutzt werden sollte und wenn sich diese als unbrauchbar erwies, gab er eine andere, welche ein Gemisch von Thornitrat und Ceriumnitrat darstellte. Dieser Fall spielte sich ab zu einer Zeit, als über den Ausgang der Auer'schen Patentprocesse noch völlige Unklarheit herrschte.

Die gestellten Fragen waren:

I. Ist eine Mischung von Thoriumnitrat und Titannitrat ein geeignetes Fluid?

II. Ist eine Lösung von Thoriumnitrat und Cernitrat ein geeignetes Fluid?

Um die Frage I beantworten zu können, mussten wir erst praktisch die Glühstrumpffabrikation erlernen. Die angestellten zahlreichen Versuche ergaben, dass eine solche Mischung praktisch brauchbare Glühkörper nicht liefere. Frage II wurde dahin beantwortet, dass eine solche Lösung ein geeignetes Fluid darstelle und dass sie nach unserer Ueberzeugung nicht gegen die Auer'schen Patente verstosse, dass allerdings der Käufer zur Zeit des Kaufabschlusses keine Sicherheit dafür gehabt habe, ob er nicht wegen Patentverletzung bestraft werden würde. Der Angeklagte, welcher hartnäckig dabei blieb, dass die Combination Thor-Titan ein vorzügliches Licht liefere, wurde wegen Betruges verurtheilt. Gegen dieses Urteil legte er mit Erfolg Revision ein.

Die Sache kam später zur nochmaligen Verhandlung. Zwei Tage vor der neuen Verhandlung war die für die Auer-Gesellschaft ungünstige Entscheidung des Reichsgerichts ergangen, und nun änderte der Angeklagte seine Vertheidigung dahin ab, dass er angab, er habe wohl gewusst, die Combination Thor-Titan sei unzweckmässig, dagegen habe er die brauchbare Combination Thor-Cer den Käufern später überlassen, da er schon damals gewusst habe, dass die Auer'schen Ansprüche unrechtmässige seien. Indessen gelangte der Gerichtshof auch in der neuen Verhandlung zu einem verurtheilenden Erkenntniss.

Beschädigter Tuchrock. Ein etwa 16 jähriger Bursche überbrachte einen hellen Tuchrock (Jacket) mit der Angabe, dieser Rock sei von ihm einer Waschanstalt zum Reinigen übergeben und ihm in zerstörtem Zustande wieder zurückgegeben worden. Augenscheinlich sei der Rock beim Bügeln verbrannt worden, und er beabsichtige, Schadenersatz zu fordern,

In der That wies der Rock um die linke Tasche herum Zerstörungen auf: Es waren braunumrandete Löcher vorhanden, das Gewebe war an diesen Stellen vollkommen morsch. — Indessen fiel es auf, dass die Tasche selbst sehr viel stärker zerstört war als Oberstoff und Futter. In Folge dessen, und weil die braunen Verfärbungen an einen Mangan-Bister erinnerten, wurde ein kleiner Theil des braungefärbten Stoffes mit Soda und Salpeter geschmolzen mit dem Erfolge, dass reichliche Mengen Mangan in diesen Stellen nachgewiesen wurden. Es wurde nunmehr die Diagnose auf Zerstörung durch ein Manganpräparat gestellt, die Sache selbst aber weiter verfolgt.

Die Wäscherin gab an: Unmittelbar nachdem sie den Rock in das heisse Seifenbad eingetaucht hatte, habe er zu brennen angefangen. Sie habe Mühe gehabt die Flamme zu löschen, auch glaube sie vorübergehend das Auftreten rother Färbung in dem Waschwasser beobachtet zu haben.

Der Bursche theilte nach einigen Tagen mit: Der Rock habe ursprünglich seinem älteren Bruder gehört und sei auf ihn übergegangen. Der Bruder erinnere sich einen Papierbeutel mit Uebermangansaurem Kali in der Tasche getragen zu haben, und dieses sei vor der Wäsche nicht entfernt worden.

Damit ist festgestellt, dass Kaliumpermanganat unter günstigen Umständen (Wärme) die Entzündung selbst feuchter Gewebe verursachen kann.

U. A. 649/97. Zerstörung elektrischer Kabel. Im Mai 1897 wurde das diesseitige Amt durch das städtische Elektricitätswerk ersucht, festzustellen, worauf die Zerstörung eines Kabels in der Sch.-Strasse zurückzuführen sei. An Ort und Stelle ergab sich folgender Befund: Das unter dem Bürgersteige versenkte Kabel war freigelegt und wies auf 1—2 Meter Länge eine augenfällige Veränderung auf. Es war mit Feuchtigkeit durchtränkt, rauchte an der Luft und war mit einer stark sauren Flüssigkeit theilweise erfüllt. Auf der Eisen-Packung des Kabels konnte das Auftreten zahlreicher Gasblasen wahrgenommen werden. Die Untersuchung der das Kabel durchtränkenden Flüssigkeit ergab die Anwesenheit von Salpetersäure und von freiem Chlor in reichlichen Mengen.

Die uns zunächst unterbreitete Ansicht, die Zerstörung sei verursacht worden dadurch, dass an Ort und Stelle grössere Mengen Säure verschüttet worden seien, musste als unhaltbar zurückgewiesen werden, da der Zustand des Strassenbelages grade an dieser Stelle einer solchen Möglichkeit direkt widersprach.

Im weiteren Verfolg unserer Ermittelungen gelangten wir vielmehr zu der Ueberzeugung, dass diese Zerstörungen auf elektrolytische Processe zurückzuführen seien. Wir stellten uns vor, dass von undichten Stellen der beiden nicht allzu entfernt von einander liegenden Kabel ein Ueberströmen von Elektricität stattfinde, und dass die im Erdboden vorhandenen Salze der Salpetersäure und der Chlorwasserstoffsäure elektrolytisch zerlegt würden. Alsdann mussten die elektronegativen Jonen nach dem positiven, die elektropositiven Jonen aber nach dem negativen Kabel wandern. Sollte also unsere Voraussetzung überhaupt discutirbar sein, so musste das zerstörte Kabel den positiven Pol im Stromkreise darstellen.

Die Untersuchung lehrte, dass dies in der That der Fall war. Des Weiteren musste alsdann am negativen Pol des Stromsystems das Auftreten von Alkali nachzuweisen sein. Die sofortige Prüfung ergab, dass auch dies der Fall war. Hiernach glauben wir festgestellt zu haben, dass diese Zerstörungen verursacht wurden durch elektrolytische Processe in dem feuchten Erdboden, und wir weisen darauf hin, dass wir über ähnliche Beobachtungen schon früher einmal berichtet haben.*)

Es sei noch hinzugefügt, dass die Zerstörungen am positiven Kabel weitaus schwerere waren als die am negativen Kabel. An ersterem scheinen sich noch eine Reihe complicirter Vorgänge abzuspielen. Nach der Durchtränkung mit Eisenchlorid nämlich ist die Möglichkeit vorhanden, dass sich in dem zuerst genannten Kabel selbst galvanische Elemente, zunächst aus Blei + Eisen + Eisenchlorid, später vielleicht

---

*) Jahresbericht des Chemischen Untersuchungsamtes, Breslau 1894/95, pag. 63.

6

aus Kupfer + Eisen + Eisenchlorid bilden, und alsdann muss natürlich die Zerstörung ausserordentlich rasch verlaufen. — In welcher Weise diese verschiedenen Stromsysteme auf einander einwirken, dies zu ergründen muss den Elektrikern von Fach überlassen bleiben.

Erwähnen möchten wir noch, dass nach unserer Beobachtung die Zerstörung des negativen Kabels besonders da energisch auftritt, wo dieses mit Marken aus Bleistreifen umwickelt ist. Es scheint also, als ob diese Marken wie Spitzen wirken und das Abströmen von Elektricität begünstigen. Ein Ersatz dieser Marken durch nicht leitendes Material dürfte sich daher empfehlen.

U. A. 469/98. Viehpulver. Ein Landstreicher, welcher sich als Thierarzt ausgab, hatte an Landleute Thierarzneimittel zu ziemlich hohem Preise verkauft. Die Untersuchung derselben ergab folgende Zusammensetzung:

1) Kochsalz mit 1 Procent Ultramarinblau gefärbt
2) Kochsalz mit 1—2 Procent Ultramarinblau
3) Kochsalz 30 Procent, Roggenkleie 70 Procent, mit Ultramarinblau gefärbt.

U. A. 550/98. Münzverbrechen. Ein Landstreicher verkaufte im Umherziehen eine Versilberungsflüssigkeit, welche nach der diesseitigen Untersuchung eine Auflösung von Quecksilber in Salpetersäure war und in 100 ccm = rund 15 g metallisches Quecksilber enthielt.

Gelegentlich, wenn er oder seine Cumpane in Verlegenheit waren, benutzten sie ihr Präparat auch zum Verquicken von 1- und 2-Pfennig-Stücken, welche sie alsdann als Nickelmünzen verausgabten.

Zwei der Angeklagten wurden zu mehrjähriger Freiheitsstrafe verurtheilt.

Bresl. Genossenschafts-Buchdruckerei, E. G. m. b. H.